ちょ〜っと、ちょっと！
ハダカイワシさん、それ以上
ウロコ取れたら死んじゃうから！
ウロウロしないでおいて!!
ミズクラゲさん
え〜っと。ミズクラゲの
奥さんね。なになに？
夫が亡くなったあと遺体が
消えてしまった…？くわしく
聞かせてもらいましょうか。
ハダカイワシさん
ぼく、カリブウオ
といいます…
あの…ぐすん…。
ごめんね、
が騒がしくて…
したんだい？
一匹のカニ刑事は、
見たことのない
迷子の魚を
見つけた。
カリブウオ
カニ刑事

ぼく…あと少しで絶滅しちゃうかもナンデス〜〜

カリブウオ、おまえまだ人間に見つかっていない種だな？ どうりで初めて見る顔だ。それにしても突然、絶滅だなんて縁起でもないこと言うんじゃないよ。

ぼく、生き残っていく自信がないんです。まだ少しだけ家族が残っていますが、もう全員で死ぬしかないのかなって。

おいおい、まだ若いんだからそんなこと言うんじゃねぇよ。

仲間がどんどん減っていって、今住んでいる場所もどんどん住みづらくなっていってしまって…。

海の世界の「死」はなにを表すと思う？ 「生きざま」だ。おまえ、まだ十分に生きざま見せられてねぇだろ。

どうすればいいですか？

まだまだチャンスはある。おまえらはさまざまな海の生きざまを見て、学ぶべきだ。**彼らのあきらめない生きざまを見てみれば、お前らの生き残るための活路も見えてくるかもしれねぇよ。**

ぜひ、教えてください！

よし、これからとっておきの3か条を教える。これを心にしまって、**いろんな海のいきものたちの生きざまを見てこい。**そうすればきっとカリブウオ、おまえも生き残ることができるぞ。

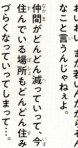

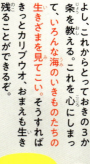

ギリギリ!

生き残るための3か条

1 命を守るために、命を懸けよ

危険や犠牲をはらったとしても命だけは守れ。

2 獲物を得るためには手段は選ぶな

海の中では情けは通じない。食うか死ぬかだ。

3 いたるところに潜む危険を違和感で察知せよ

ハンターはあちこちに隠れているので
くれぐれも注意すべし。

いってきまーす!
カリブウオ、がんばってこいよ!

はじめに

死にざまを描くこと。
それは、生きざまを描くことである。

身を守るため、子孫を残すため、食料を得るため…
海のいきものたちが、あきらめず、一生懸命、とことん生を貫くとき、
そこには自然と死が寄り添います。
海の中では、死は終わりを意味しているのではありません。
その1匹にとっては物語の終わりでも、
海全体を見ると、それは誰かの物語の始まりになっているかもしれません。

そのいきものの「これまで」と、誰かの「これから」をつなぐ中継地点、
それが、海の中での死なのです。

カニ刑事のもとに集う騒がしい面々も、皆全力で生きています。
たとえそこに誰かの死が関係していたとしても、
彼らの訴えは常に自然で、前向きで、エネルギッシュで、
そして誰も悪くありません。

海はすばらしく、同時に恐ろしい場所。
そこで生き残るための3か条を胸に、
カリブウオとともに生と死のドラマを探す旅に出発です！

鈴木香里武

もくじ

第3章 かこくな環境でも生き抜きます。

第4章 こんなことでも死んじゃいます。

第5章 僕たち死んだら変身します。

第6章 海の中には危険がいっぱいです。

イラスト　しのはらえこ、OCCA
装丁　坂川朱音
本文デザイン　坂川朱音+田中斐子（朱猫堂）
DTP　NOAH
校正　鷗来堂、小倉優子
編集　宮本香菜、高見葉子（KADOKAWA）
Special Thanks　名古屋港水族館、石垣幸二（ブルーコーナー）

この本の見方

この図鑑には、海の
いきものたちのギリギリの
あきらめない生きざまが
載っています。
カリブウオと一緒に
学びにいきましょう！

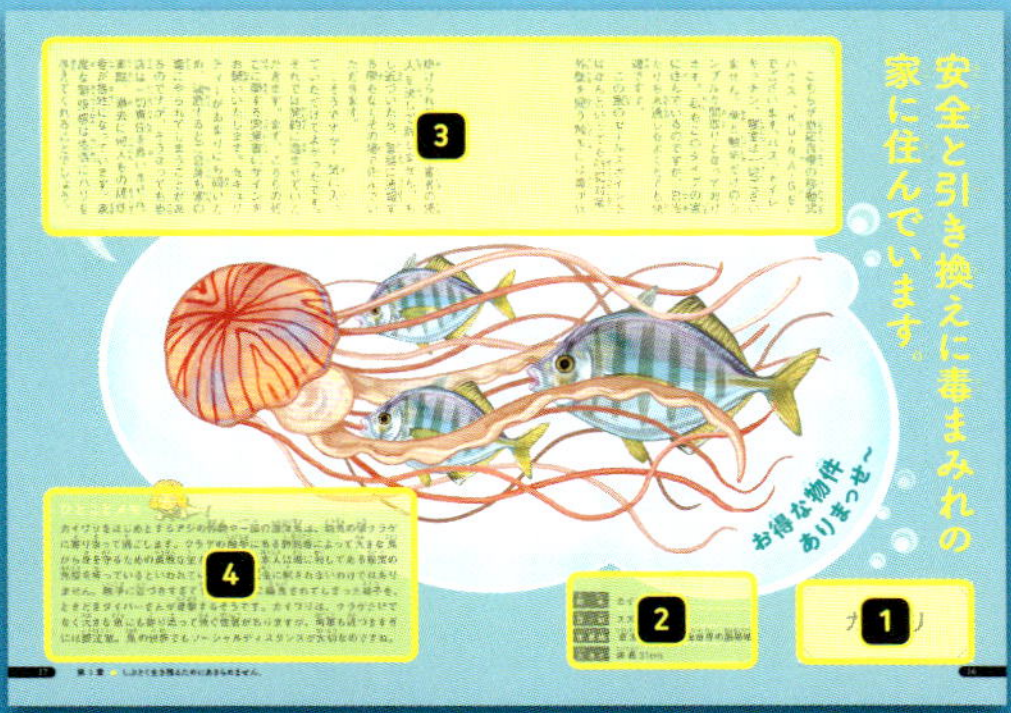
安全と引き換えに毒まみれの家に住んでいます。
お得な物件ありまっせ〜
1
2
3
4

1 海のいきものの名前

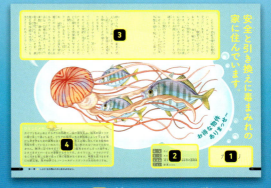

海のいきものの通称が載っています。

2 海のいきものデータ

和名 日本で呼ばれる海のいきものの正式な名前（標準和名）

目・科 生物分類に沿った海のいきものの仲間わけ

生息地 海のいきものが住んでいる場所

大きさ 海のいきものの大きさ

※主に魚類は全長表記（アゴの先端から尾ビレの末端まで）と体長表記（アゴの先端から背骨の最後まで）を示しています。

3 海のいきもののお話

海のいきものが主人公となって、みなさんにお話をします。個性豊かなキャラクターにも注目してみましょう。

4 ひとことメモ

海のいきもののくわしい生態が載っています。著者の実際の飼育体験や明日誰かに話したくなるうんちくなどを豊富に掲載しているのでチェックしてみてください。

参考文献

『ウニハンドブック』（文一総合出版）
『エビ・カニガイドブック 伊豆諸島・八丈島の海から』（阪急コミュニケーションズ）
『オールカラー 深海と深海生物 美しき神秘の世界』（ナツメ社）
『Christmas crabs』（Christmas Island Natural History Association）
『改訂新版 海洋大図鑑-OCEAN-』（ネコ・パブリッシング）
『日本海近海産貝類図鑑 第二版』（東海大学出版部）
『海の危険生物ガイドブック』（CCCメディアハウス）
『原色甲殻類検索図鑑』（北隆館）
『小学館の図鑑Z 日本魚類館』（小学館）
『新編 世界イカ類図鑑』（東海大学出版部）
『深海生物大事典』（成美堂出版）
『世界で一番美しいイカとタコの図鑑』（エクスナレッジ）
『世界のクジラ・イルカ百科図鑑』（河出書房新社）
『生物ビジュアル資料 深海魚』（グラフィック社）
『日本クラゲ大図鑑』（平凡社）
『日本のウミウシ第二版』（文一総合出版）
『日本産魚類検索 全種の固定 第二版』（東海大学出版部）
日本サンゴ礁学会（http://www.jcrs.jp）

第1章

しぶとく生き残るためにあきらめません。

海のいきものたちは、かこくな海を生き抜くために
さまざまな進化と工夫をくり返してきました。
まさにそれは、"あきらめの悪さ"のたまもの!?
ギリギリ生き残ってきた彼らのふしぎな生態を
のぞきにいきましょう。

海底警察署の

おさわがせ取調室

カニ刑事に捕まったのは誰？

答え トサカリュウグウウミウシ（罪状：ワライボヤを食べた罪）

安全と引き換えに毒まみれの家に住んでいます。

こちらが当店自慢の移動式ハウス〝KU-RA-GE〟でございます。バス、トイレ、キッチン、寝室は一切ございません。傘と触手だけのシンプルな間取りとなっております。私もこのタイプの家に住んでいるのですが、日当たりも水通しもよくとても快適ですよ。

　この家のセールスポイントはなんといっても防犯対策。外壁を囲う触手には毒が仕

和名	カイワリ
目・科	スズキ目アジ科
生息地	東太平洋を除く全世界の温帯域
大きさ	体長31cm

カイワリ

掛けられており、不審者の侵入を決して許しません。もし近づいたら、警察に通報する間もなくその場で死んでいただきます。

…そうですか！ 気に入っていただけてよかったです。それでは契約に進ませていただきます。まず、こちらの死亡に関する同意書にサインをお願いいたします。セキュリティーがあまりにも固いため、油断するとご自身も家の毒にやられてしまうことがあるのですが、そうなっても当店は一切責任を負いません。実際、過去に何人もの居住者が犠牲になっています。適度な緊張感は生活にハリを与えてくれることでしょう。

ひとことメモ

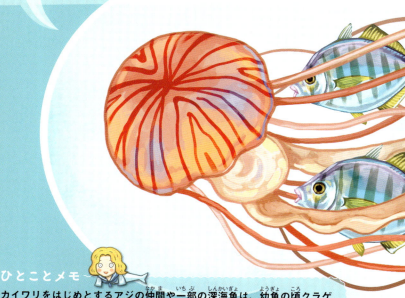

カイワリをはじめとするアジの仲間や一部の深海魚は、幼魚の頃クラゲに寄り添って過ごします。クラゲの触手にある刺胞毒によって大きな魚から身を守るための勇敢な生きざまです。本人は毒に対してある程度の免疫を持っているといわれていますが、完全に刺されないわけではありません。触手に近づきすぎて自らクラゲに捕食されてしまった様子を、ときどきダイバーさんが目撃するそうです。カイワリは、クラゲだけでなく大きな魚にも寄り添って泳ぐ性質がありますが、何事も近づきすぎには要注意。魚の世界でもソーシャルディスタンスが大切なのですね。

どんなにがんばっても1年しか生きられません。

和名	アユ
目・科	サケ目アユ科
生息地	北海道西部～九州、朝鮮半島
大きさ	全長30cm

アユ

わしはずいぶんと年を取ってしまった。もう思い残すことはなにもない。最期の言葉として、わしの一生をもうすぐ生まれてくるおまえたちに聞かせよう。

思えば波乱に満ちた魚生じゃったのぅ。生まれてすぐに故郷の川を離れ、海へと移り住んだ。それはそれは過酷な環境じゃった。荒波にもまれながらも一生懸命生き抜いて、成長したわしは川を上った。縄張りのことで仲間とケンカすることも多かったが、わしは強かった。そして母さんと出会い、この下流の住みやすい浅瀬で母さんがおまえたちを産んだのじゃ。

長いようで、あっという間のようにも感じるのぅ。実際あっという間じゃった。たった1年間のことなのじゃからな。

これから生まれてくるおまえたちには、この先無限の未来が広がっている。いや、無限は言い過ぎた。たった1年間なのじゃからな。来年の今頃、命を終えるときに悔いが残らないよう、どんなときも自分を信じて、たくましく、勇敢に、短い短い魚生を泳ぎ進んでくれたまえ。

ひとことメモ

魚の寿命は種類によってさまざま。アユやシラウオ、マハゼ※など「年魚」と呼ばれる魚たちは、1年で成熟し、産卵後に死亡します。この短い間のアユの一生はとてもドラマチック。まだ泳ぐこともままならない仔魚の段階で海へと下って冬を越し、春に育った稚魚がまた川を上ります。それに合わせて食べものも動物プランクトンから藻類へと変わり、姿も半透明の稚魚から緑がかった成魚へ、そしてだいだい色を帯びる婚姻色へと変身します。約1000万年前の地層からも化石が見つかっているアユ。1匹の寿命は短くても、種としての歴史は長く壮大なものですね。

※マハゼは1年で成熟しきれなかった個体が産卵せず、2年以上生きることもあります。

命がけで脱皮します。

おぉい！サギフエどもよ、俺をツンツンつつくのはやめい！俺は今、無防備なんだ。脱皮中は身動き取れないし、体がやわらかいんだぞ。普段隠れ家として使わせてやってるというのに、このタイミングでなぜつつくかね。これだから魚ってやつは信用できないんだ。脱皮が終わったらボコボコにしてやるから覚悟しとけよ！

あああ！うっとうしい！

和名	タカアシガニ
目・科	十脚目クモガニ科
生息地	岩手県～九州の太平洋沿岸
大きさ	甲幅約30cm

タカアシガニ

振り払いたいけれど、岩にしっかりつかまって体勢を安定させていないと、うまく脱皮できなくて死んじまう。ただでさえ足が長くて普段から体を支えるの大変なのに。

…って全然話聞いてないだろ。なに無表情で淡々とつつき続けてるんだよ！

お、おい、おまえら。おなか側に回り込むな。そこは特に弱いんだ…。ええい、仕方ない。リーチの長い俺のパンチをくらえ！…おっとっと、体がぐらっと…あぶない、あぶない、あの岩のでっぱりに足を引っ掛けて踏ん張ってっと…

（スカッ）ああああああああああああああああ!!

ひとことメモ

エビやカニなどの甲殻類にとって脱皮は試練です。きっとかなりのエネルギーを使うのでしょう。新しい甲羅を作っている途中の段階で力尽きてしまうものや、脱皮を終えたものの新しい体の構造が完全でなく生きづらい形になってしまったものもいるなど、とてもデリケートな作業のようです。特に大型のカニではかかる時間や労力も大きいようで、水族館関係者も脱皮中にいかにストレスを与えず体を安定させられるかが勝負だと言います。そんな無防備なタイミングで攻撃を受けてしまったら…。本人にとっては悪夢のような時間になるでしょう。

装備はすごいけど、止まったら息ができません。

和名	クロマグロ
目・科	スズキ目サバ科
生息地	日本近海～朝鮮半島、オホーツク海、アラスカ湾
大きさ	尾叉長 3m

クロマグロ

ついに完成したぞ！　速く泳ぎたい一心で長年研究を続けてきた結果、手に入れた私のカンペキなボディを見てくれ。

まずはこの体形。水の抵抗を極限まで抑えるよう計算し尽くされたムダのない形だ。そして尾ビレは最小限の力で大きな推進力を得るためのデザインだ。

さらに、バランスを保ったりスピードを落としたりするときに使う第1背ビレや胸ビレ、腹ビレは、速く泳ぐときにじゃまにならないよう、完全にしまい込むための溝が彫られている。

それだけじゃない！　高速で泳ぐと体の周りに小さな渦ができる。これがスピードを落とす原因になりかねないので、私は体の後半部に並ぶ小さなヒレ（小離鰭）を動かして渦を打ち消しながら泳いでいるのだ。どうだ、もはや私はメカだ！

だがひとつだけ忘れていたことが…エラぶたの自動開閉機能だ。じつは速く泳げるようになった代償に、止まると息ができない体になってしまったのだ。これからも研究を続けていこう。我が進化に終わりはない！

ひとことメモ

まるで飛行機や新幹線の設計を思わせるデザインのクロマグロ。流体力学を熟知しているかのような進化に驚くばかりです。彼らには外見だけでなく、体内にも長時間泳ぎ続けるための工夫が見られます。奇網と呼ばれる毛細血管の構造によって体温を一定にすることができ、持久力を保てるのです。そんな彼らの唯一の弱点が、止まると死ぬこと。口を開けて泳ぎ続けることでエラに水を通して呼吸しているからです。眠っている間も低速で泳ぐ彼らにとって、多くのほかの魚のようにエラをパクパクさせる機能は必要なかったのでしょう。

生まれてたったの2週間で死に場所が決まってしまいます。

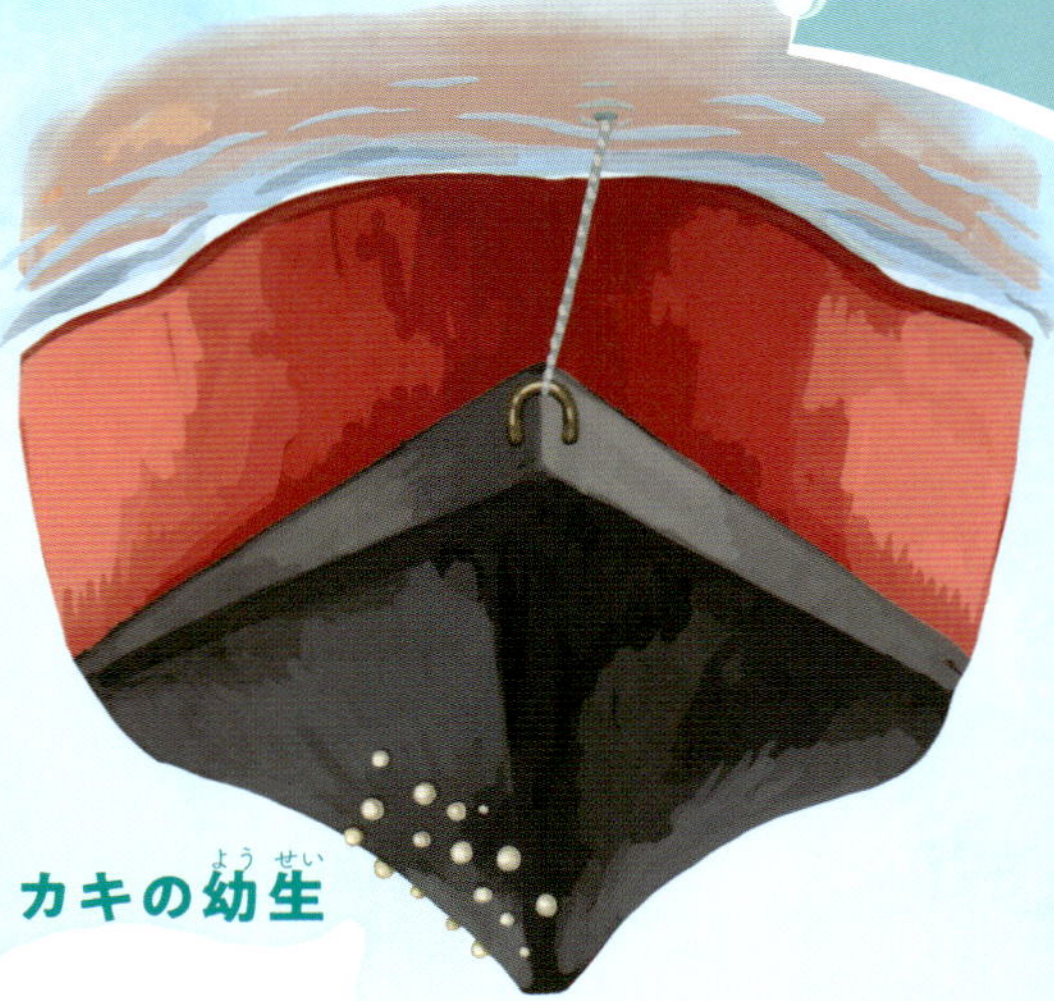

カキの幼生

注：大人の姿

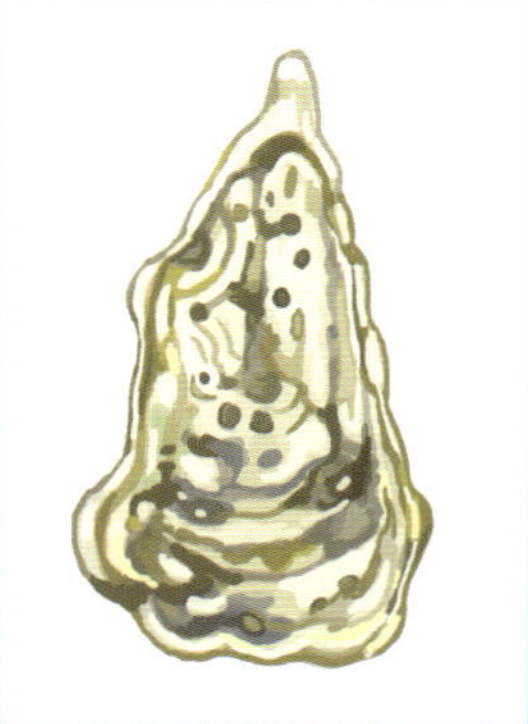

和名	マガキ
目・科	ウグイスガイ目イタボガキ科
生息地	北海道から九州、朝鮮半島、沿海州、中国大陸沿岸
大きさ	殻長約8cm

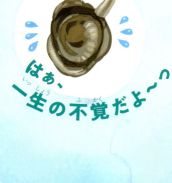

マガキ

しくじった！　くっつく場所をまちがえた〜。ちょっとした冒険心だったんだよ。兄弟たちがみんな海底の岩を目指していたから、僕だけかっこいい場所を見つけてやろうと思って。黒くてきれいなところを見つけたからくっついてみたんだけど、まさか船の底だったとは…。僕たち、一度くっつく場所を決めたらもう一生動けないんだよ。生まれてたった2週間で死に場所を決めないといけないんだよ？　僕みたいにまちがっちゃったらもう救いがないじゃん。船だよ、船。出港するたびに水攻めだよ？　はがれることもできずに水流を浴びっぱなしだよ？　うわぁ、またエンジンかかった。やめて、船を走らせないでぇ…あぼぼばばぼぼ…。

はぁ、今日もひどい目にあった。でも本当に怖いのは出港することじゃないんだ。僕たちは水の抵抗となって船のスピードを落とす原因になるから点検で船を陸に上げたときにガリガリはがされちゃうんだ。寿命が先か、はがされるのが先か…。どっちにしてもお先真っ暗だよ。

ひとことメモ

二枚貝の一種であるマガキは、はじめはベリジャー幼生として虫のように海中を浮遊します。その後、光を感知する眼点と岩の表面などを這うための足が形成され、一生を過ごすのにふさわしい固着面を探します。条件のいい場所を見つけると、セメント物質を出してほんの数分で固着。およそ2週間で固着場所を決定しなければならない彼らはとんでもない場所にくっついていることもあります。マリーナ（ヨットや小型船が停泊する場所）を訪れると陸揚げした船の底を大きなヘラのようなもので突き、くっついたカキやフジツボをはがす様子が見られますよ。

ウロコがはがれ落ちても
じっとしていられません。

ハダカイワシ

和名	ハダカイワシ
目・科	ハダカイワシ目ハダカイワシ科
生息地	青森県〜土佐湾の太平洋沿岸、東・南シナ海、西インド洋
大きさ	体長17cm

オイラたちは海のエネルギーの運び屋だい！昼間は深海にいて、夜になると浅瀬まで一気に泳いで上がる、元気な元気な運び屋だい！なにかにぶつかるとすぐにウロコがはがれちゃうけれど、かまうもんか！じっとしていられないんだい。

たとえウロコが全部はがれてハダカになったって、そんなのへっちゃらさ！いや、でもハダカになっちゃったらさすがに生きられないか…。

オイラの仲間は、いろんな深さでいろんな海のいきものに捕食されるけれど、かまうもんか！動いていないと体がなまるんだい。発光器でがんばって自分の影を消してもすぐ見つかって、運んでいる本人ごと食べられちゃうけれど、そんなのへっちゃらさ！いや、食べられるのはやっぱりイヤだな…。

今日もオイラはめげずに運び続けるよ。上からはマグロが追って来ているし、下では大きなイカが待ち構えているけれど、かまうもんか！たとえもう逃げ場がなくったって、そんなのへっちゃ…（シーン）。

ひとことメモ

1日で深海と浅瀬を行き来する日周鉛直移動を行うハダカイワシ。種類によっては1000m以上もの水深を移動する活発な魚です。そのため幅広い水深で多くのいきものの食べものとなるほか、浅瀬のプランクトンなど豊富なエネルギー源を深海へと運ぶなど重要な存在だと考えられています。ウロコがとてもはがれやすく、漁でとれたものはほとんどハダカ状態になっていることからこの名が付きました。デリケートな体を守るため、おなか側に並ぶ発光器を光らせることで上から届く光にとけ込み、自分の影を消して捕食者の目をあざむきます（カウンターイルミネーション）。

笑顔が消えてしまうと、私は生きられません。

こんにちは。私、トサカリュウグウウミウシっていいます。私、ワライボヤたちの笑顔が好きなんです。見ていてとっても癒やされます。彼ら、大勢で身を寄せ合って暮らしているんですよ。かわいいでしょ。笑顔がいっぱい。

遠くから見ているだけでも幸せな気持ちになるのですが、近づいてのぞき込むとますますかわいくて、つい食べちゃいたくなります。

探しましたよ、かわいこちゃんたち

トサカリュウグウウミウシ

和名	トサカリュウグウウミウシ
目・科	裸鰓目フジタウミウシ科
生息地	インド・西太平洋
大きさ	体長13cm

なので、食べます。むしゃむしゃ食べます。1匹残らず食べます。なぜって？　そこに笑顔があるからですよ。

じつは私、もうすぐ旅に出るんです。最近この町から笑顔が消えてしまったんです。私がひとつ残らずぜんぶ食べちゃったので。

笑顔が消えると、私は生きられません。ほかの食べものには心ときめかないので、このままでは餓死してしまいます。なので、笑顔があふれる別の町を探しに行くんです。

笑顔は世界を救います。私も救います。耳を澄ますと、彼らの笑い声が聞こえてきます。私を呼ぶかのように。待っててね、今、行くから…。

食われる
逃げられん
やばい
どうしよ
また来たあいつ…

ひとことメモ

ウミウシは偏食家。食べるものに応じて歯（歯舌）の形が異なり、お気に入りの獲物が乏しい環境でもほかのものはかたくなに拒みます。トサカリュウグウウミウシが好むのは、まるでニッコリ笑っているように見えることから“ワライボヤ”の愛称で知られるミドリトウメイボヤ。笑顔のまま食べられていく様子はなかなかシュールです。ほかにも、クモヒトデ食のハナデンシャや毒クラゲ食のアオミノウミウシ、カイメン食のウミウシやほかのウミウシを食べるものまでその偏食っぷりはさまざま。なぜそこまで食にこだわりを持つのか、彼らの生存戦略はふしぎですね。

家にちょうどいいので、命、いただいてもいいですか？

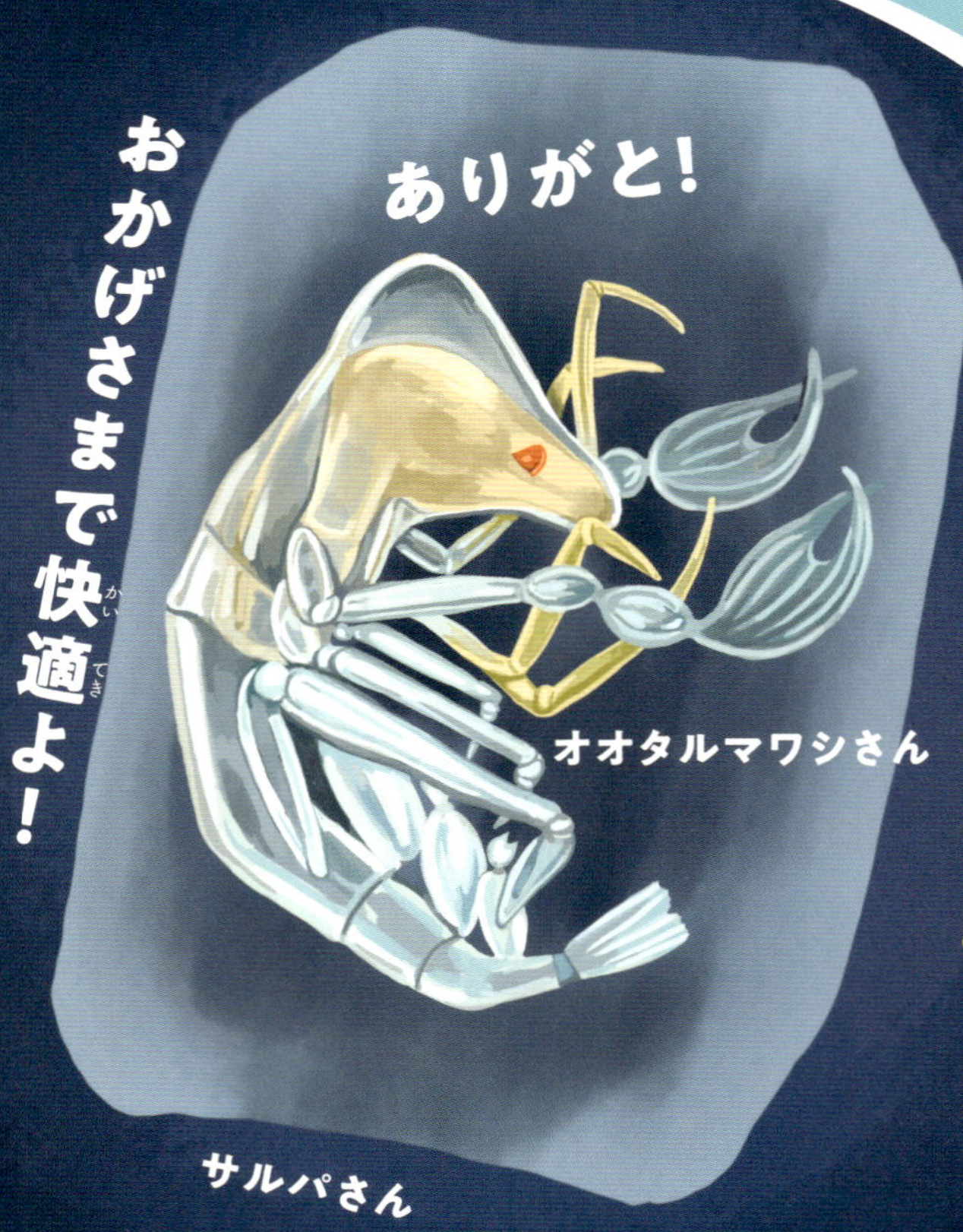

和名	オオタルマワシ
目・科	端脚目タルマワシ科
生息地	太平洋、大西洋の温帯域
大きさ	体長3cm

オオ タルマワシ

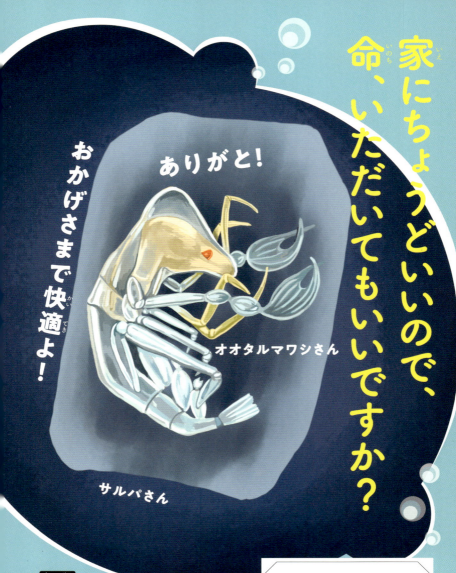

ねぇ、サルパさん。アナタの命、アタシに預けてくれない？　アナタの体の中身は食べちゃうけれど、別にアタシの私利私欲のためじゃないのよ。樽の形にリフォームしたアナタの皮の中に住みついて、内側に卵を産んで子育てするためなの。そうすれば卵は皮で守られて安全でしょ。賢い方法だと思わない？

それにね、生まれた赤ちゃんは自分で獲物を捕れるようになる前に、まずアナタの皮を食べて育つの。

ヤドカリと一緒にしないでちょうだい。あの人たちは別の貝殻を探して引っ越すだけでしょ。狭くなったら貝殻をポイしちゃうのよ。アタシはそんなもったいないことしないわ。

アナタは死んじゃうけれど、アタシの子どもたちの血となり肉となって、アタシたちの中で永遠に生き続けるのよ？　ね、ステキでしょう？　だからお願い。命を預けて？

最後の最後までアナタの体をムダにしないから。すみずみまで有効活用するから。ね、お願～い！

ひとことメモ

頭部の独特な形や大きな鎌のような胸肢の様子から“深海のエイリアン”と呼ばれるタルマワシの仲間。彼らは生きざまもまさにエイリアンそのものです。サルパの中身をくり抜いてその中に入り込む捕食寄生者。樽を回しながら泳いでいるように見えることからこの名前がつきました。冬になると夜の漁港の海面付近にもよく現れ、樽の内側にドーナッツ状に卵が産みつけられている個体を見かけます。一見恐ろしい生態ですが、孵化した赤ちゃんにとって安全かつ食べられる家となるので、理にかなった子育て方法です。これも母の愛のかたちなのですね。

フグ毒で痛い目を見ました。

シノノメサカタザメ

和名	シノノメサカタザメ
目・科	トンガリサカタザメ目トンガリサカタザメ科
生息地	東北～九州の太平洋・日本海沿岸、沖縄諸島、台湾、中国
大きさ	全長2m70cm

夢を見ていた。苦しいような、でも心地いいような、ふしぎな気分。海溝の向こう側にとても美しい場所が見える。そちらへと泳いで行こうとする僕を、誰かが呼ぶ声が聞こえる。うしろの方から聞き覚えのある声が。

どうしてこうなったんだろう？　僕はおぼろげな記憶をたどった。苦しくなって、意識が遠のいていく直前、たしかごはんをもらっていた。大好きな飼育員さんが、食べやすいごはんをいつも用意してくれている。今日食べたもの…アジ。うん、おいしかった。イカ。僕の好物だ。それから、カニも食べたし、フグも食べたし…ん？　フグ？　それだ！　フグ毒だ！　いかん、早く吐き出さないと！

目覚めると、青いビニールシートに囲まれていた。たくさんの飼育員さんが心配そうに見つめる。周りには内視鏡や海水を流すホースが見える。そうか、ずっと呼吸を確保してくれていたんだ。まちがって飲み込んでしまったルームメイトのコクテンフグさん、ごめんなさい。飼育員さん、ありがとう。

ひとことメモ

2015年、名古屋港水族館で前代未聞の出来事が起きました。サンゴ礁大水槽の主役、エイの仲間のシノノメサカタザメがエサを食べた後に突然苦しみ始め、その後動かなくなったのです。飼育員たちが慌てて特設担架を用意して、内視鏡で胃の中を調べるも原因はわからず。ホースを使って人工呼吸をして様子を見守っていたところ、夜中に食べたものを吐き出しました。そこに混じっていたのは誤って飲み込んでしまったと思われる有毒のコクテンフグ。解毒剤はありませんが、飼育員の懸命な看護のおかげで回復して、多くのお客さんに感動を与えるスターになりました。

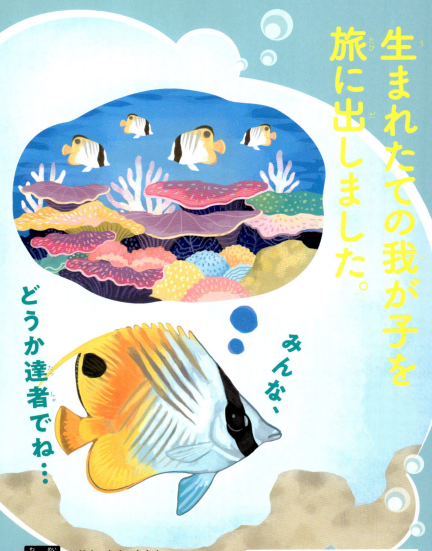

生まれたての我が子を旅に出しました。

みんな、どうか達者でね…

和名	トゲチョウチョウウオ
目・科	スズキ目チョウチョウウオ科
生息地	伊勢湾〜九州の太平洋沿岸、琉球列島、インド洋
大きさ	体長23cm

トゲチョウチョウウオ

愛する子どもたちへ

あなたたちが旅立ってからどのくらい経ったでしょう。もう東京湾あたりに到着しましたか？　生まれて間もないあなたたちをいきなり黒潮に乗せてしまったこと、母は心苦しく思っています。さぞ怖い思いもしたことでしょう。

私たちが暮らす温かい海にはサンゴ礁があり、食べものも豊富で住みやすい環境です。ただ、自然はいつなにが起こるかわかりません。もし環境が変わったらサンゴ礁と一緒に私たちも絶滅してしまうかもしれない…。

そうならないために、私たちは常に新しい場所を開拓しなくてはなりません。たどり着いた先には冬という恐ろしい季節があり、みんな死んでしまうかもしれません。それでも、少しでも望みがあるならば、私は我が子たちを送り続けるのです。

命がけの旅に送り出した母を許してください。どうか新たな土地でたくましく育ち、次の世代を残してくれることを願っています。

母より

ひとことメモ

夏、黒潮に乗って南の海から流れて来る鮮やかな幼魚たち。彼らはたどり着いた海で成長しますが、低水温に弱く冬になると死んでしまうため「死滅回遊魚」と呼ばれています。魚たちが生息域拡大のために子孫を海流に乗せて旅立たせる「無効分散」。切ないことのように思われますが、環境の変化によっていつかその場に住み続けることができる可能性に懸けた彼らのたくましい生きざまなのです。実際、近年は冬でも水温があまり下がらないことも多く、チョウチョウウオの仲間も越冬できることが増えているため、「季節来遊魚」という呼び名に変わりつつあります。

アユの一生の400倍？
長寿魚ニシオンデンザメ

長生きしたい人ー？ はーい！ みんな手を挙げますよね。挙げなかった人は、このコラムを飛ばしても大丈夫です。

長寿は昔から人間が追い求めている永遠のテーマ。健康に長く生きたい、そう考えている人にぜひご紹介したいのがニシオンデンザメです。

彼らは北極海や北大西洋の深く冷たい海で暮らしています。代謝をおさえて、時速1キロ強というゆっくりしたスピードで泳ぐことから「世界一のろいサメ」と言われ

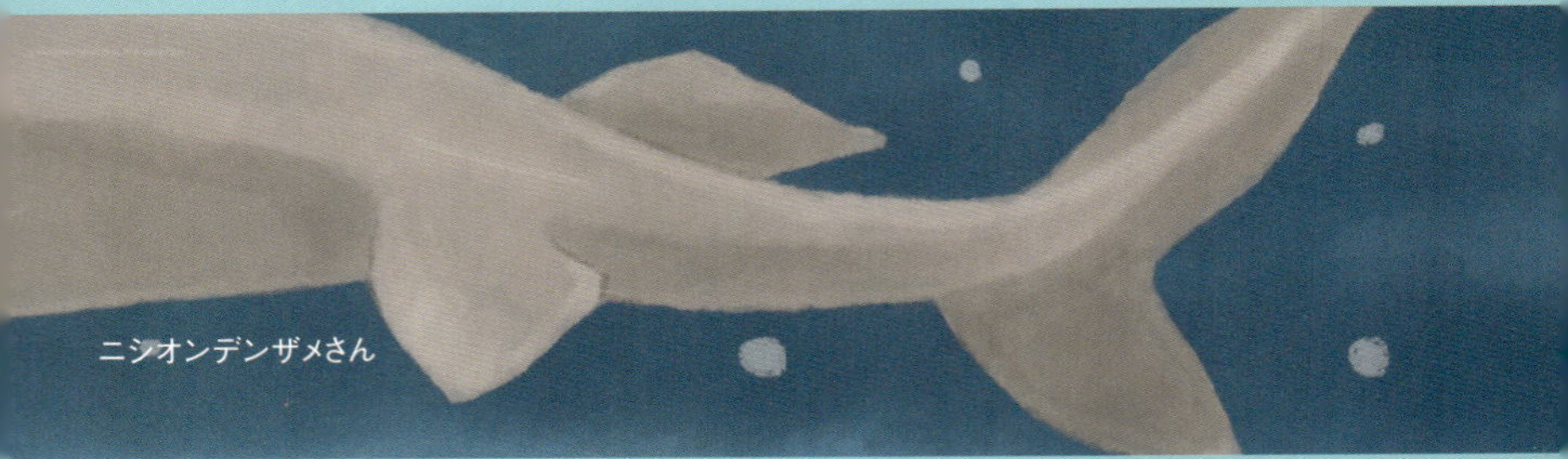

ています。人間の歩く速さは時速4キロほどなので、彼らがいかにゆっくりかがわかりますね。

2016年、コペンハーゲン大学の研究者らがニシオンデンザメの眼の水晶体を使って年齢を測る測定をしたところ、最も長生きの個体はなんと推定約400歳！ ホッキョククジラを抜いて脊椎動物の中で最も長寿ないきものに躍り出ました。

ニシオンデンザメの生態を知って、僕は考えさせられました。寿命ってなんだろう、と。アユな

どの年魚は1年に一生の物語が凝縮されています。一方、ニシオンデンザメの物語は約400年にわたるわけです。

ここでふと思い出したのが、心理学を学んでいるときに聞いた「赤ちゃんにとっての1日は、大人にとっての2カ月に相当する」という言葉。大人は月日が経つスピードを速く感じることが多いですが、赤ちゃんが体感する時間はその何倍にもなると言います。このように時間の長さやスピード、生きざまの濃さといったものは他人がどうこう決めるものではなく、そのときの本人にしかわからないものなのでしょう。

長寿の魚はその分、経験する物事は多いかもしれませんが、果たしてニシオンデンザメの物語はアユの400倍の濃さだと言えるでしょうか？ ゆっくりしたスピードで成長が進む代わりに時間が長い者と、速やかに起承転結を迎える分終わりが早く訪れる者。底面積と高さの関係のようなもので、掛け算をしたときの体積は変わらないのかもしれませんよ。

寿命というものは、単純な長さよりも、いかに濃度が高い生き方をしたかという質にこそ意味があるのではないか。冷たい海に生きる大先輩に想いを馳せるのでした。

ちなみに人間の場合は速く歩く人ほど健康寿命が長いというデータがあります。どうやら我々は長生きしたいからといって、ニシオンデンザメの生き方はマネしないほうがよさそうですね。

第2章

命をつなぐために命がけなんです。

みなさんが、この本の海のいきものたちと
会えるのは、今日まで彼らが
“命のバトン”をつなげてきた結果です。
種を存続するために、ときには命さえもかけてしまう
彼らのひたむきな姿にはあっとおどろかされます。

海底警察署の おさわがせ取調室

カニ刑事に捕まったのは誰？

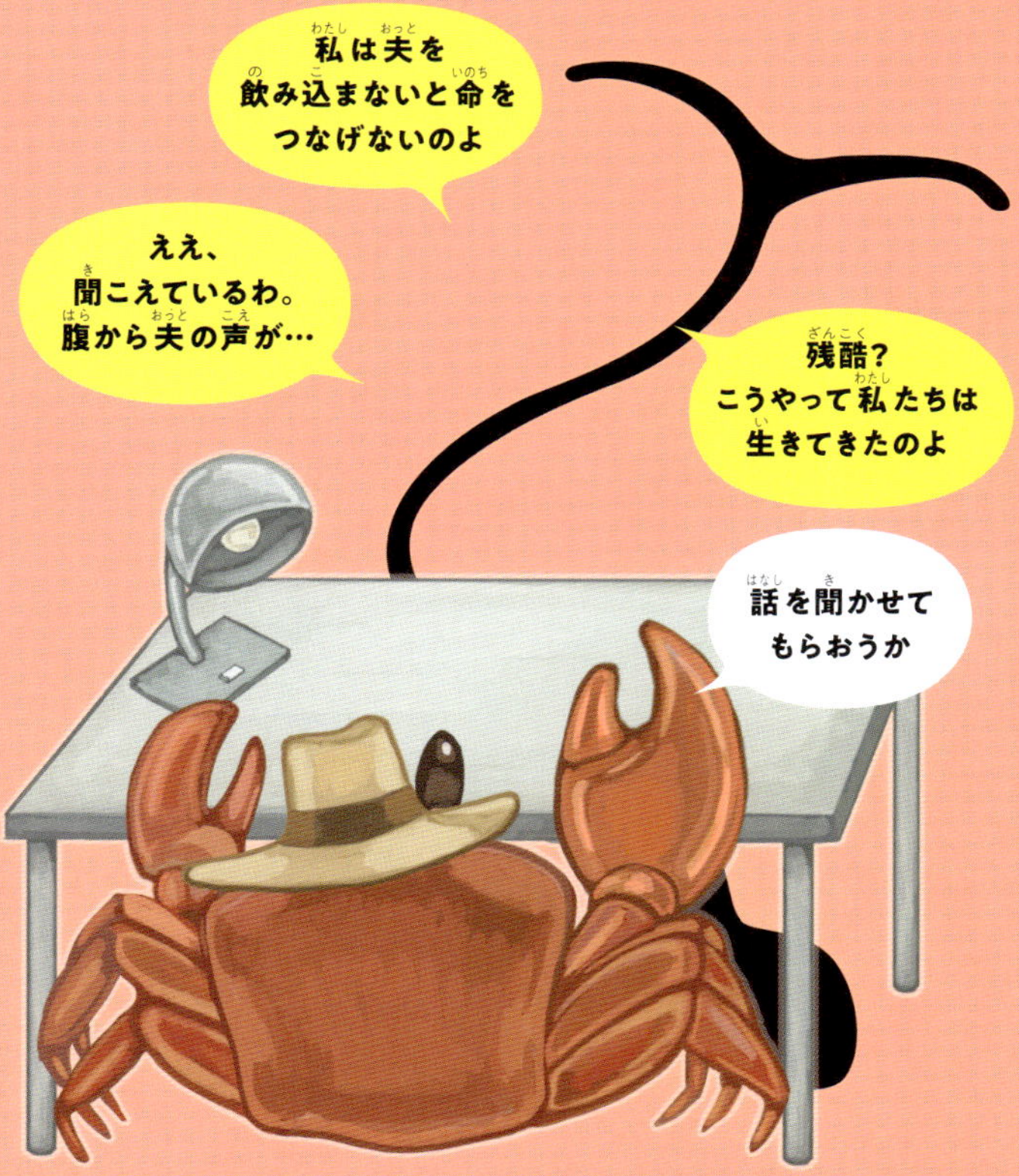

答え　ボネリムシ（罪状：自分の夫を飲み込んだ罪）

卵を産んだら力尽きます。

あっ、かわいこちゃんみーっけ！
オス
口を開けるのが、卵を産む合図なのよ
メス

和名	サケ
目・科	サケ目サケ科
生息地	北海道～本州北部、朝鮮半島、北太平洋、ベーリング海
大きさ	尾叉長75cm

サケ

今日は最後の授業です。まずはみなさんに問題。先生は赤身魚と白身魚どっちだと思う？サーモンピンクだから赤身？そうよね、たしかにそう見えるわよね。でも残念、不正解。じつは先生、白身魚なんです。生まれたとき身は純白なんですよ。ではなぜ身に色がつくのか。それは、成長過程で食べてきたエビやカニのおかげなんです。彼らにはアスタキサンチンという栄養素があってこれを取り入れると赤い色素が身を染めていくの。元気に生きるためのエネルギー源のようなものですね。

先生、今おなかに卵を持っているんです。みなさんもご存じ、イクラですね。イクラの色は？そう、赤。これまで一生かけて蓄えてきた栄養素を我が子に注ぎ込むので、卵があのような色になるんですよ。そして先生は今、白身に戻りました。これから最後の力を振り絞って産卵してきます。みなさんと会うのは今日が最後になりますが、来年の春にサケの赤ちゃんを見かけたら、先生のことを思い出してくれたらうれしいな。

ひとことメモ

サケのお母さんの愛の深さには感動します。まず、子どもを元気に孵化させるために、長い時間をかけて蓄えてきたエネルギーを卵に注ぎ込みます。そして傷だらけになりながら川の流れをさかのぼり、産卵後には力尽きて死んでしまいます。命がけどころか、完全に自分を犠牲にして産卵するのです。身のサーモンピンクがイクラに移り、自分はまた白身に戻るなんて…。なんて泣かせる話なのでしょう。このエピソードを知ると、イクラを食べるときにより一層ありがたみを感じますね。

子孫さえ残せれば、私の一部になってもいいんですか？

彼らは本当に幸せなのだろうか？

チョウチンアンコウ

和名	チョウチンアンコウ
目・科	アンコウ目チョウチンアンコウ科
生息地	釧路～相模湾の太平洋沖の深海
大きさ	体長 38cm

私に言い寄って来るオスたちを見ていると、つくづく疑問に思うことがある。命とはどのようなものなのだろうか？　なにをどこまで失うと、命が消えたことになるのだろうか？

たとえば、私の左脇腹のあたりに出会ったばかりのオスがいる。今はまだ私の皮膚に噛みついているだけだけれど、いずれ口が皮膚とくっついて、血管もつながって、完全に私の一部になってしまう。自分の意思で動くこともなく、生殖のためだけの袋のような存在になる彼ら。その状態ははたして生きていることになるのだろうか？

う～む、わからない…。自分という存在を失ってまで私と一緒になって、彼らは幸せなのだろうか？　この過酷な深海で自ら食べものを探して生きるより、私の栄養をわけてもらえるのだからラクなのだろうか？

子孫さえ残せれば、自分の存在は消えてもかまわないのだろうか？　そういえば、私のおなかの右下あたりにくっついている彼が出会った頃こんなことを言っ…（以下略）。

ひとことメモ

真っ暗な深海は、オスとメスの出会いの確率が低い世界。なんとしても子孫を残すために、彼らは同化するという道を選びました。オスの体はメスの10分の1くらいしかなく、メスが発する化学物質を頼りにメスを探して泳ぎます。そして出会って噛みつくと、皮膚が融合し、目やヒレ、内臓などが退化してメスの一部となるのです。自分の意思ではなくメスが発するホルモンによって産卵のタイミングで放精スイッチが入り、卵を受精させると考えられています。彼らの生きざまを見ていると、命とはなんなのか、生きているとはどういうことなのかを考えさせられますね。

お母さんのおなかの中でバトルロイヤルしてます。

この世は食うか食われるかだ。ほかのいきものたちにナメられないように、常ににらみをきかせていなければならない。そういう意味じゃ、うちの母ちゃんは最強だ。サメの中でも屈指の強面なんだ。とてもおとなしくてやさしい性格だけど、するどい歯の並んだでかい口のおかげで誰もケンカを売るヤツはいない。

でもじつは、オレたち生まれる前からサバイバルが始ま

おい、おまえのことも食ってやるからな！
フッ…。まさか子宮が2つあるとはな。のぞむところだ！

和名	シロワニ
目・科	ネズミザメ目オオワニザメ科
生息地	相模湾～琉球列島、東シナ海、全世界の温帯～熱帯域
大きさ	全長3m20cm

シロワニ

るんだぜ。母ちゃんの腹の中で孵化したら、すぐにほかの卵を食うんだ。ほぎゃあとか言ってる場合じゃないぜ。そこでしみじみ兄弟愛に浸ってためらっていると、あとから生まれてきたヤツに食われちまうかもしれないからな。

幸運なことに、オレは最初に孵った。だから腹の中で生き残って、外の世界へ旅立つ権利がある。生まれてこなかったというかオレが食っちまった兄弟たちの分までたくましく育って、母ちゃんに負けないくらい強面になってやる！

ん…？ なんだか上のほうが妙に騒がしいな。まさか、俺のほかにも生き残りがいんのか…？

ひとことメモ

サメの仲間には卵を産み落とすものと子宮内で卵を孵して赤ちゃんとして産むものがいます。シロワニは後者ですが、そのなかでもかなり特殊な例。最初に孵化した赤ちゃんがほかの卵やときにはすでに孵った胎児をも食べて育つのです。シロワニには子宮が2つあり、それぞれの子宮内で赤ちゃんが育ちます。母ザメは我が子に食べさせるために未受精卵を生み続け、9～12カ月もの長い時間をかけて1メートル近くまで育て、体外に産みます。子宮内共食いと呼ばれるこの生態は一見残酷なようですが、より強い子孫を確実に海に送り出すための生存戦略なのですね。

どんなに夫婦仲が悪くても一生離婚できません。

もう顔も見たくなーい!
僕はどうすればいいんだ…

和名	ドウケツエビ
目・科	十脚目ドウケツエビ科
生息地	相模湾以南の太平洋側、フィリピンの砂泥底
大きさ	体長約2cm

ドウケツエビ

ちょっと聞いてくれよ。こんなはずじゃなかったんだ。永遠の愛を誓ったあの頃は、「いつまでも寄り添って温かい家庭を築こうね」なんて言っていたのに、今では寄り添うどころか、妻は口さえきいてくれなくなってしまった。

いつからだろう。子どもたちが家を出て行ったあたりからだろうか。セキュリティーは万全、デリバリーサービス付きが魅力で入居したこのタワーマンション、〝カイロウドウケツA棟〟もいつの間にか上層階を妻に占領されている。私はいつも下のほうから見上げてばかり。話しかけても相手にされず、妻はお隣の棟に住む奥さんと網目越しに世間話をしてばかり。

お隣さんは、旦那さんとも上の階で仲良く過ごしているというのに、我が家はちょっとでも近づこうとしたら妻に「出てって！」と怒鳴られる…。

この出入り口のない硬い建物からいったいどうやって出て行けというのだろう…。このままだと死んだ後も同じ墓穴に入らせてもらえないかもしれない…。

ひとことメモ

共に老いて同じ墓穴に入ることを意味する「偕老同穴」という言葉があります。深海の砂地に生えている筒状の海綿動物にこの名がつけられているのですが、その理由は中に住み着いているエビの生態から。ガラス質の網目構造をすり抜けて中へ入った2匹の赤ちゃんエビが、成長と共にオス・メスの役割に分かれ、網目を通れない大きさになるため一生を夫婦で添い遂げる運命にあるのです。敵に襲われないことや、網目にひっかかった食べものを得られるという利点はあるものの、もしこの主人公のように夫婦仲が悪くなってしまったら哀れな晩年になるかもしれませんね。

崖から落ちる覚悟で卵を産みます。

クリスマスアカガニ

和名	クリスマスアカガニ
目・科	十脚目オカガニ科
生息地	クリスマス島
大きさ	甲幅11.6cm

押すなよ！絶対に押すなよ！

いや、ネタじゃなくて。ほんとに押すなよ。アタシ海に落ちたら死ぬから。産卵したら命を落とすっていういきものもいるの知ってるし、そういうのも美談だなとは思うけどさ。でもアタシはちがうから。めっちゃ遠くまで歩いてきて疲れ果ててるけど、ちゃんと森まで戻るエネルギー残してんだから。ここで死ぬわけにはいかないわよ。

でも、ちょっとでも赤ちゃんを安全に沖に流すために、波打ち際のギリギリのところまで近づくんだわ。ここは母の意地の見せどころっしょ。ちょっとくらい波かぶったって負けないから。ああ、体張って愛する我が子をこの世界に送り出すアタシ、かがやいてるわぁ〜。

てか、押すなって言ってんじゃん！順番待てないわけ？見てわかるっしょ、今アタシまさに産卵してるとこなんですけど！いや、うしろから押されるからとか言い訳になんないし。ほんとやめて、アタシ落ちたら死…（ツルッ）いやあああああああああ…！

ひとことメモ

インド洋に浮かぶクリスマス島に大量に生息しているアカガニ。普段は島の奥地の森で暮らしていますが、産卵期になると海岸近くに大移動して繁殖します。なんと1〜2週間もかけて歩いて移動する彼ら。途中で道路を渡らなければならないため、車にひかれないようカニ専用の地下通路や歩道橋まで作られているほど島民から大事にされている存在なのです。そんな旅の末、抱卵した母ガニは波打ち際から卵を海に流すのですが、そこもまた大渋滞。次々押し寄せる母ガニの波に押され、運悪く海に落ちてしまった個体は残念ながら死んで浮かんでしまうのだそうです。

産卵後は方向感覚を失って光りかがやきます。

どうです？
美しいでしょう？

ホタルイカ

和名	ホタルイカ
目・科	ツツイカ目ホタルイカモドキ科
生息地	オホーツク海以南の日本周辺
大きさ	外套長7cm

さて、私が今横たわっているのは富山県某所の砂浜です。普段は白くかがやく砂浜ですが、今は新月の深夜のため、残念ながらその美しさをお伝えすることはできません。その代わり、ご覧ください、この青白い光の帯。波打ち際に沿ってまるで天の川のようにずっと向こうのほうまで続いています。私と同じように波によって砂浜に打ち上げられてしまったホタルイカたちの最後の命のきらめきです。

あっ、聞こえますでしょうか？大勢の人間の足音が近づいてきます。彼らは手に網を握りしめており、打ち上がった私たちをすくって持ち帰ろうと集まって来るのです。地元の人にインタビューしたところ、「沖漬けやアヒージョにするとうめぇんだ」とのこと。このように私たちホタルイカが浅瀬に集まる現象は、なんと国の特別天然記念物に指定されているのです。多くの人間の舌も目も楽しませる私たち。その誇りを胸に、私も最後の力を振り絞って精一杯光りたいと思います。以上、現場からお伝えしました。

ひとことメモ

深海に住んでいるホタルイカは、産卵のために大群で浅瀬に上がってきます。春、ある条件が重なると産卵を終えたホタルイカが砂浜に打ち上げられ、その衝撃で美しい光を放っている様子が見られることがあります。これは「ホタルイカの身投げ」として富山県では観光スポットにもなっている現象。彼らは月の明かりを頼りに自分の位置を把握しているそうで、その目印がない新月の夜には方向感覚を失って岸に近づきすぎて打ち上げられてしまうのではないかと考えられています（諸説あり）。沖漬けなどで身近ないきものですが、その生態は謎に包まれています。

鬼ごっこに負けたらメスに吸収されます。

誰か～！　気づいて！　ボクはココにいるよ！　そろそろ鬼ごっこもかくれんぼも終わりにしよ～よ～。

　ボクたち生まれたらすぐに鬼ごっこが始まるんだよね。期間は立派に成長するまで。それまでに大きなメスに見つかってタッチされると、オスになっちゃうわけ。そうなったらもう、ほとんど生きることおしまいっていうかんじ。「次は君が鬼ね！」みたいな

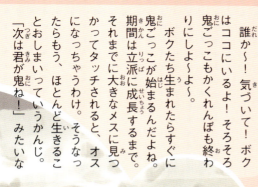

腹の男がうるさいわねぇ
オス
ボク、ココにいるんだってば！

和名	ボネリムシ
目・科	キタユムシ目ボネリムシ科
生息地	大西洋北東部および地中海の沿岸の温帯海域
大きさ	最大15cm

ボネリムシ

生ぬるい鬼ごっこじゃないからね。体内に吸い込まれて、メスから栄養をもらって生きるんだ。自力では生きられないちっさい体で、一生閉じ込められたまま。残酷な運命だよね！　ボクは逃げ切れる自信あったんだけどな。見つかるもんか～いって思ってたらT字みたいな口がにょーんって伸びてきてさ。あっさりタッチされて、この通りだよ。メスの口長すぎだよね！

で、このまま誰にも気づかれずに終わるのも悲しいからさ、ずっと叫んでるわけ。

誰か～気づいてよ！　ここから出してくれとは言わないからさ、せめてボクの存在を認めて！

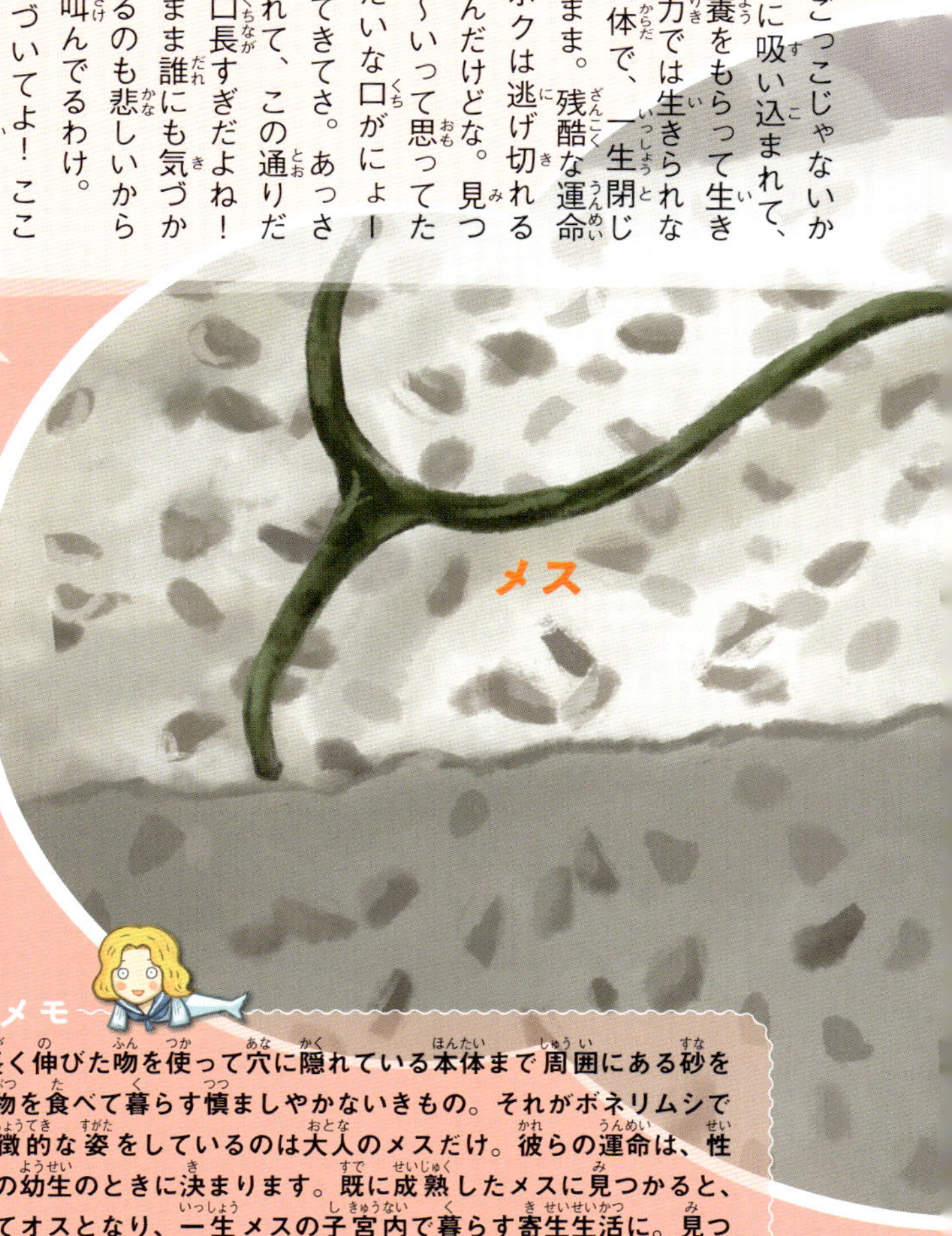

ひとことメモ

T字状に長く伸びた吻を使って穴に隠れている本体まで周囲にある砂を運び、有機物を食べて暮らす慎ましやかないきもの。それがボネリムシです。この特徴的な姿をしているのは大人のメスだけ。彼らの運命は、性別が未分化の幼生のときに決まります。既に成熟したメスに見つかると、吸い込まれてオスとなり、一生メスの子宮内で暮らす寄生生活に。見つからずにそのまま成長すると、メスとして成熟するのです。メスが大きくオスが小さい"矮雄"のいきものは多く知られていますが、ここまで生き方の差が激しいと、やはり「生きるとは？」という疑問が湧いてきます。

“死なない”という生存戦略
不老不死のベニクラゲ

海には、我々の常識を超えたいきものが存在します。

不老不死のベニクラゲ。彼らの増え方を説明するのに、まずは両親をスタートとしましょう。オスとメスからプラヌラ幼生と呼ばれる赤ちゃんが生まれます。これは両親の遺伝子を半分ずつ持つ有性生殖。これが成長してポリプとなり、そこから枝がのびて多くの稚クラゲが木の実のように増えます。ここでは、自分と全く同じ遺伝子を持つクローンを大量

に増やしています。枝から離れて泳ぎだした稚クラゲは、成長してオスやメスになり、次の世代を産むようになります。ここまではほかのクラゲと同じなので、さほどふしぎさはありません。
さて、ここからがベニクラゲならではのおどろきの能力。稚クラゲや親クラゲは、攻撃されたり環境が変わったりしてストレスを受けると、体をお団子のように変化させ、なんとそれがポリプの段階に戻るのです！これはつまり若返り。つ

つかれたおじさんが赤ちゃんに戻ってしまうようなものです。それはズルくない!? と思いつつ、体の中ではどえらいことが起きています。面倒な言い方をするならば、一度細胞を未分化の状態にまで戻して、そこから再びそれぞれの機能に分化させていく。簡単に言えば、体を作り直してしまうわけです。

こんな方法で増えていくとしたら、海はベニクラゲだらけになりそうなものですよね。しかし、彼らは体長1センチほどの小さなクラゲ。魚にどんどん捕食されるため、増減が絶妙なバランスで保たれているのです。

おや、彼らは種を絶やさないために若返りというとんでもない能力を進化させたわけですよね。それなのに、小さいからどんどん食べられる。回りくどくないかい!? 進化するなら、体を大きくしたり強力な毒を持ったりするほうがラクだったのでは? しかし、そんなのは僕のせま～い視野での考えにすぎません。人間は合理的に物事

を考えようとしがちですが、海の世界では必ずしもそれが得策とは限らないのかもしれません。

彼らにとってのベストは若返り戦略だった。それぞれのいきものが、それぞれの方法で進化し、きっとそのどれもが正解なのでしょう。我々人間の生きざまも正解のひとつなのではないでしょうか。それでもなお不老不死の能力を手に入れたいという人は、海へ移住してベニクラゲの弟子になって、がんばってみてはいかがでしょう?

第3章

かこくな環境でも生き抜きます。

もちろん、命を狙ってくる天敵の存在はおそろしいですが、
海のいきものたちは、ときにきびしい
自然の猛威にもさらされます。
かこくな海の環境に順応しながら生きる彼らは、
まさに一歩まちがえば命取りの
ギリギリな世界で生きているのです。

海底警察署の

おさわがせ取調室

カニ刑事に捕まったのは誰？

答え ヨーロッパアカザエビ（罪状：マイクロプラスチックをさらに細かくして排泄している罪）

赤潮は魚にとって命とりです。

和名	マアジ
目・科	スズキ目アジ科
生息地	北海道〜九州の日本海・太平洋沿岸、朝鮮半島、中国
大きさ	尾叉長50cm

マアジ

ついに起きた〝プランクトンインパクト〟。赤潮によって海は赤く染まり、仲間の多くは呼吸ができずに死んでしまった。

第3新東京湾に非常事態宣言が発令され、魚たちは深場へと避難を開始した。我々〝特務機関KELP〟は、この海域での生き残りの捜索と安全地帯の発見のため、精鋭部隊を結成して現場へと向かった。

危険の伴う任務だ。だが逃げちゃダメだ。毎年この夏の時期に我々を襲う赤潮に対して、ただ怯えながら海底に身を潜める生活など、もう終わりにしよう。今回の任務にあたり、作戦課長は斬新な作戦を立てた。房総防衛線と三浦防衛線からそれぞれ侵攻を開始し、赤潮の原因となっているプランクトンを片っ端から食べつくそうというものだ。隊員たちにはより多くのプランクトンを食べられるように任務1週間前からの絶食が言い渡された。それにより半数が衰弱死、残りの半数の隊員は命令に疑問を感じて組織を離れていった。魚類と赤潮の戦いは終わらない…。

ひとことメモ

夏、海水温が急上昇したときなどに起こる赤潮。一気に増えたプランクトンやその死骸が集まり、海が赤く染まったかのような景色になります。このとき、海中は酸欠になるほか、プランクトンがエラに引っかかるなど魚にとっては呼吸しづらい環境となるため、魚が大量に死んで浮かんでしまうことも。有害なプランクトンが含まれていることもあるため、今回の作戦のように大勢で食べつくせば解決するようなものではありません。赤潮は自然現象ですが、生活排水や工場排水の質などによっても起こりやすくなることがあるため、人間の活動も関係しています。

海が温かいせいで
スカスカです。

和名	サンゴの仲間
目・科	イシサンゴ目ミドリイシ科
生息地	熱帯～亜熱帯域の海岸

サンゴ

住民のみなさまへ

この地域で熱中症の危険が高まり、〝サンゴマンション〟が存続の危機に瀕しています。各ご家庭の褐虫藻の健康状態を確認してください。水温が高まり褐虫藻が元気を失ったり家出をしてしまったりすると、家計は一気に苦しくなりマンションに住み続けることがむずかしくなります。

隣町のマンションはすでに多くが真っ白な廃墟となりました。住民がいなくなった〝サンゴマンション〟はエネルギーを供給できず、いずれ外壁を支えられなくなり、くずれてしまいます。

当マンションは長年、地域住民との交流の場としての役割も果たしてきました。エビやカニ、魚たちが遊びに来て、食べものを食べたり身を隠したりする重要な憩いの場となっています。

彼らのためにもみなさまと共にこの危機を乗り越え、この町のシンボルとして後世に残せるよう、ご理解ご協力のほど、どうぞよろしくお願いいたします。

ひとことメモ

温かい海に広がる鮮やかなサンゴ。一見、岩のように見えますが、立派ないきものです。硬い骨格の中に多くのポリプが集まっており、それらひとつひとつがいきもので、サンゴ礁はいわば集合住宅のようなものです。ポリプの中には褐虫藻という藻類が共生していて、それらが行う光合成によってエネルギーを得ています。しかし、海水温の上昇などにより褐虫藻が失われると、サンゴは白化してやがて死んでしまいます。地球温暖化により深刻化している白化現象。今後の研究や植樹活動などで豊かなサンゴの海が復活してくれることを願うばかりです。

一歩まちがうと茹でガニになります。

和名	ユノハナガニ
目・科	十脚目ユノハナガニ科
生息地	日本近海の深海の熱水噴出域
大きさ	甲幅約6cm

ユノハナガニ

カニ男「いい湯だな〜。極寒の深海で浴びる源泉かけ流しの温泉はたまらないよね〜！」
カニ吉「しかも俺らの大好物のハオリムシもたくさん生えてるしな〜。ここはまさにパラダイスだ〜！」
カニ子「この暖かい煙突を目指してみんな集まってくるよね」
カニ哉「もうおしくらまんじゅう状態じゃん。もう少し空いている場所はないかな。オイラもうちょっと源泉に近づいてみよっかな」
カニ男「あっ、僕のほうがこ〜んなに熱水に近づけるし」
カニ吉「フンッ、俺なんてここまでいけるもんねー！」
カニ子「あたしだってこのくらいの熱さへっちゃらよ！　ほら、あんたより近づいたわよ」
カニ哉「みんな根性ないな〜。オイラなんて、もっとぐーんと近づいちゃうぜ！　ほれほれ、ここまでおいで〜。ん？　なんか焦げ臭いぞ…うゎあっちぃいいい！！！　オイラの足が焦げてるぅう！！！」
全員「あはははは！　カニ哉、茹でガニ〜！　茹でガニだ〜！」

ひとことメモ

深海にそびえ立つ熱水噴出孔（チムニー）。吹き出す熱水にはさまざまな化合物が含まれており、それを食べてエネルギーにしている微生物がいるため、チムニーの周りには多くのいきものたちが集まります（化学合成生物群集）。そのひとつがユノハナガニ。チムニーからは、ときに400℃もの熱水が噴き出しているため、さぞ熱い環境だろうと思いきや、少し離れるだけで水温は一気に下がります。どうやら彼らは絶妙な距離をとっているようです。ただ、うっかり近づきすぎたのか火傷をしている個体も見つかっているため、油断は禁物です。

プラスチックゴミは根強く海に残ります。

えっ？私のおしりからなにかが出てるって？

ヨーロッパアカザエビ

和名	ヨーロッパアカザエビ
目・科	十脚目アカザエビ科
生息地	ノルウェーからモロッコ
大きさ	体長25cm

人間はじつにけしからん！　多くのいきもののすみかであるこの偉大な海に、なぜゴミなんぞ捨てるのだ。我々海底のエビたちも大変迷惑している。

　だが、悪いのは人間だけではないぞ。最近ウワサに聞いたのだが、海の中のプラスチックゴミをわざわざ分解して、もっと厄介な細かいプラスチックに変えているとんでもない輩がいるそうじゃないか。じつにじつにけしからんことだ！

　私を見て学びなさい。少しでも海がきれいになるようにと、おいしくもないプラスチックを集めて食べているのだ。なんてえらいのだろう、私は。

　今日もこの岩陰にいろいろなゴミが流れてくる。…なんだこれは、新聞じゃないか。こんなのが引っかかったら身動きが取れなくなってしまう。こんなとき、勉強熱心な私はしっかり記事を読んでから処理するようにしている。なになに、「ヨーロッパアカザエビがマイクロプラスチックをさらに細かくして排泄していることが判明」？

　…ふん、さっさと食っちまおう。

ひとことメモ

近年、マイクロプラスチックが環境問題の大きなトピックとなっています。これは人間が出したプラスチックゴミが波の影響や紫外線などにより細かくなったもののことで、海のいきものが食べてしまい体に悪影響を及ぼすほか、魚を食べる人間にも生物濃縮※による影響が出てくる可能性が懸念されています。とても小さいため海岸のゴミ拾いなどでも回収がむずかしく、見えない脅威となっているのです。さらに最近の研究ではこのマイクロプラスチックをヨーロッパアカザエビがより細かく分解していることが明かされ、この問題のむずかしさが深まっています。

※化学物質が生態系での食物連鎖を経て、生物体内に濃縮されてゆく現象のこと。

急な潮の流れには注意が必要です。

タツノオトシゴ

和名	タツノオトシゴ
目・科	トゲウオ目ヨウジウオ科
生息地	青森県以南の太平洋・日本海沿岸、朝鮮半島
大きさ	高さ約10cm

タツオ「た、助けてくれ、タツヤ！下向きの急流に流されちゃう！こんなところで死にたくないよぉ！」

タツヤ「タツオ、絶対に手を離すなよ！ダウンカレント（下降流）は一時的なものだ。いずれおさまるから、それまでふんばってくれ！」

タツオ「もう…力が…入ら…ない……あああぁぁぁぁぁぁ↘」

タツヤ「タツオォォォォォォォォォォ！…ああ、どうしよう。タツオが下向きの急流に飲まれて深場に引きずり込まれてしまった…」

～数分後～

タツオ「ぁぁぁぁぁぁぁぁあああああああ↗」

タツヤ「タツオォォォォォォォォォォ！おかえり！上向きの海流でこっちに戻ってこられたんだな！さぁ、俺の手につかまるんだ！がんばれ、タツオォォォォォォォ！」

タツオ「ああああああぁぁぁぁぁぁぁぁ↗」

タツヤ「タツオォォォォォォォォォォ！おまえ、さらに上に流されちまうのかよぉぉぉぉ」

ひとことメモ

潮の流れが斜面にぶつかったり、暖流と寒流がぶつかったりすることでごく狭い範囲で急激な上昇流（アップカレント）や下降流（ダウンカレント）が起こることがあります。ダイビングでは危険な現象とされ、ダウンカレントに飲み込まれると必死に泳いでも浮き上がることができず、一気に数十メートルも下に引きずり込まれることも。上昇流も急な圧力の変化が体に大きなダメージとなりとても危険です。潮の流れを敏感に感じる魚はうまく避けるのでしょうが、タツノオトシゴのように泳ぎが苦手ないきものにとっては恐怖のジェットコースターかもしれません。

足を踏み入れると窒息死する海域があります。

コウモリダコ

和名	コウモリダコ
目・科	コウモリダコ目コウモリダコ科
生息地	全世界の温帯～熱帯域
大きさ	体長約30cm

おや、あなたも禁断の低酸素海域に足を踏み入れてしまいましたか。どうしたことか、多いですねぇ、無謀な小魚たちが。上を目指して突っ走る心意気は大いに結構。ですが、あなた方は酸素がないと生きられないのでしょう？　身の程をわきまえることも大切ですよ、ヒヒヒ。

安心してください、私はあなたを襲って食べたりはしません。そんなことをしたら疲れますからねぇ。私が食べるのは※マリンスノーを集めて作ったお団子です。ただ、目の前で死なれたら、あなたをゆっくりといただくかもしれませんよ。嫌でしょう？　私にじわじわ食べられるなんて。ですから、そんなところでへばっていないで、がんばってここを抜け出したほうがいいですよ、ヒヒヒ。

おや、もう動かなくなりましたか。きれいに食べてさしあげたいところですが、やはり気が進みません。哀れなことですねぇ。誰にも食べられることなく、永遠にこの死の世界を孤独にさまようのです。それでは、ごきげんよう。

ひとことメモ

深海には海水にとけている酸素の濃度が低い酸素極小層（OMZ）と呼ばれる海域があります。ここは多くのいきものにとって住めない環境のため、敵も少なくなります。そこに目をつけたコウモリダコは、わざわざこの過酷な海域を選び、マリンスノーを食べものとして暮らしています。OMZにまちがって突っ込んでしまった深海魚は酸欠状態となり、薄れゆく意識の中で“地獄の吸血イカ”の学名を持つコウモリダコに遭遇するかもしれません。これは空想にすぎませんが、最近の調査ではOMZで魚の群れが見つかったりもしているため深海の謎は深まるばかりです。

※プランクトンの死骸などがゆっくり深海へ落ちていき、雪のように見えるもの。

氷の穴を見つけられないと息つぎできません。

「も～いいかい？」

ま～だだよ！ ふふふふ、今日こそは絶対見つからないところに隠れるもんね。僕たちシロイルカは特殊なレーダーを持ってるから、かくれんぼ、すぐに終わってつまんないんだよね。でも僕、とっておきの場所を思いついたんだ。あの大岩の向こう。小さい頃から「あぶないから行っちゃだめ」って聞かされてるからみんな怖がって近づかないん

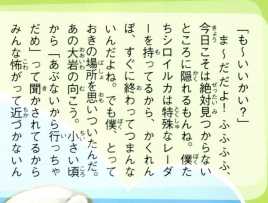

和名	シロイルカ
目・科	クジラ偶蹄目イッカク科
生息地	北極海とその周辺の大陸棚、大陸斜面、深海
大きさ	体長4～5m

シロイルカ

だ。だからその先に隠れればきっと探しに来ないよね。

「も～いいかい？」

も～いいよ！ ふふ、ここは気づかれないはず。ふぅ、そろそろ息つぎしなきゃ。えーっと、近くの呼吸できそうな穴は～っと…。あれ？ ない！ レーダーで探しても氷に穴がない！ だからあぶないって言われていたんだ！ ううう、息が苦しい…。誰か…助けて…。

あ！ あれはシロクマさんの影。前足で氷を叩いて穴を開けてくれてる！ ぷはぁ～助かったぁ～。シロクマさん、どうもありが……どうしてそんなに大きな口を開けて僕を見下ろしてるの？

ひとことメモ

氷に覆われた北極の海に住むシロイルカは、頭にメロンと呼ばれる器官を持っています。そこから発する超音波によって周囲のものとの距離を測ることができるのです。この能力はエコーロケーションと呼ばれ、障害物を避けるだけでなく、息つぎのために海面から顔を出す際に、海面を覆っている氷の天井に開いた穴を探すためにも使われます。もし穴が見つからなかったら呼吸ができなくて大変です。そこに目をつけたのがシロクマ（ホッキョクグマ）。体重をかけて前足をドスンと地面に叩きつけて氷に穴を開け、息つぎをしに来た彼らを襲ってしまうのです。

海が温かくなったせいで生活圏を奪われました。

岩陰は落ち着かねぇだ。

和名	アイナメ
目・科	スズキ目アイナメ科
生息地	北海道～九州の太平洋・日本海沿岸、朝鮮半島、東シナ海
大きさ	体長38cm

アイナメ

オラ、あったけぇ海苦手だ。冷てぇ海が好きだ。んだども、オラの母ちゃんはたくましいだ。冬は東京近くの浅瀬さ行って、海藻に卵産むだ。水が冷てぇ春の間に、海藻に隠れながらいっぺぇ食べて、オラ立派に成長して東京を離れるだ。

母ちゃんゆずりのたくましいオラ、生きていくために必要なものは2つだけだ。海藻とプランクトン、それだけあれば十分だ。春の海には当然あるものだ。んだども今年は身を隠せる海藻が全然ねぇだ。冬に気温が下がらなくて海もあったかいままで海藻が元気に育たなかったらしいだ。しかたなく岩陰に隠れてるんだども落ち着かねぇだ。

いいこともあるだ。あったけぇとプランクトンは増えるだ。んだども今年はそれもだめだ。近くの浄水場が新しくなって、水をきれいにしすぎているらしいだ。プランクトンのエサになるものまで全部ろ過して、スカスカな水を流してるだ。家もねぇ、ごはんもねぇ。オラ、こんな海いやだ。もう東京さ行かねぇだ…。

ひとことメモ

稚魚が育つにはその季節に合った絶妙な環境が必要です。アイナメの場合は産卵場所や稚魚の隠れ家になるアオサなどの海藻が大切な存在。そんな海藻は海水温が低いときに成長するため、暖冬が続くと大事なゆりかごがなくなってしまうのです。さらに食べものとなるプランクトンが育つには海中に含まれる有機物が必要。海の近くの浄水場の性能が高まり有機物までろ過してしまうと、プランクトンが育たず、稚魚が育ちにくい環境になってしまいます。人間がよかれとやっていることが、思わぬ形で魚たちに影響を与えることがあるのだと知っておくことが大事ですね。

ギリギリ！　体を張る魚たち
腹に命は替えられぬ!?

トカゲは敵に襲われたときに自らしっぽを切って逃げます。自切と呼ばれるこの行動は、体の一部を敵に食べさせている間に、もしくは敵がそれに気を取られている間に逃げるという作戦です。しっぽはまた生えてきますし、切り捨てても命に別状はなさそうだなと思えますよね。

しかし、海の中には「背に腹は替えられぬ」という言葉では納得しきれない、心配になるような生き残り戦術をとるものがいるのです。

まずは幻の深海魚として有名なリュウグウノツカイ。5メートルもの長い体で深海を泳ぐ彼らは敵なんていなさそうですが、ふしぎなことに、浅瀬で見つかった個体の中にはよく体のうしろ側がスパッと切れてなくなっているものが見られます。たまたまかなと思いきや、そうした個体はみんな決まって頭側から3分の2くらいの位置で切れているので、これも自切のひとつなのだろうと考えられています。ヒレの先ぐらいならまだし

も、体の3分の1を切ってしまうとは！ 主要な内臓がない部分だとしてもなかなか犠牲の多い作戦ですね。人間で考えてみると…いや、考えるのはやめましょう。

ナマコの防衛行動もかなりワイルドです。一部の種類では、腸を切り離して口や肛門から吐き出すというのです。内臓ですよ、内臓！ リュウグウノツカイとちがって、生きるために必要そうな部分をゴソッと捨てちゃうわけです。いいのかそれで!? 観察によると、腸は再生するようですが、やはりダメージは大きいらしく、回復するまで時間がかかるとのこと。言わんこっちゃない…でもまあ、命は助かるわけなので、目的達成なのでしょう。人間で想像してみると…やっぱりやめましょう。

さらにいい度胸をしているいきものがいます。アシロやワニトカゲギスなど一部の深海魚の稚魚に見られる外腸。なんと腸の一部を体の外に出した状態で、引きずって泳ぐのです。危険が迫ったら吐き出すとかではなく、常に！ そんなデリケートなものをぶら下げて泳ぐなんて、彼らはいったいなにを考えているのでしょう？ 表面積を増やして浮力を保つことや、腸を伸ばすことで消化効率を高めることなどいくつかの理由が考えられていますが、敵に食べさせて逃げるという説も。人間で想像…しようがありませんね。

海の中でのあきらめない生きざまを知ると、まだまだがんばれそうな気がしてきませんか？

第4章

こんなことでも死んじゃいます。

常に危険と隣り合わせの海の世界。
しかし、「よりによってなぜそんな死に方を？」という
ちょっぴり笑える死に方をする海のいきものたちもいます。
彼らのユニークな死にざまを見れば、
「“生きる”とは何か」が見えてくるかも？

海底警察署の おさわがせ取調室

カニ刑事に捕まったのは誰？

答え ソラスズメダイ（罪状：スピード違反）

光を見ると、我を忘れて突進しちゃいます。

おまえは水平線を見たことがあるか？　俺はある。俺はいつもおまえらが暮らしている海を上から見下ろしてんだ。俺たちの背中には羽がある。天高く舞うための羽だ。

ボラやエイのジャンプだ？　フッ、そんなもん背伸びみたいなもんさ。ガキの頃からヒレで風を切る練習をしてきた俺たちと比べてもらっちゃあ困るぜ。俺たちは飛んでいるんじゃない。翔んでいるん

和名	トビウオ
目・科	ダツ目トビウオ科
生息地	仙台～琉球列島、朝鮮半島、中国、台湾
大きさ	全長35cm

トビウオ

だ！　天敵シイラの攻撃をかわしながら大海原を駆け回る。このエネルギー、このアツさ、これぞ青春だ！

夜の海面は俺たちをスターにするステージさ。世界が寝静まった頃、フルスピードで突っ走るんだ。俺たちは前しか見ない。光に向かって一直線にジャンプするんだ！　見ろ、あそこにかがやく未来が見えるぞ！　さあ、今こそ俺の本気を見せるときだ。

いくぞ〜〜ファイヤーーーーー！　ん？　な、なんだここは!? 船の上じゃないか！　息ができない…こらっ、人間！「ラッキ〜」とか言ってないで早く俺を助けんかっ！

ひとことメモ

トビウオを含むダツ目の魚の一部は、光に向かって泳ぐ習性があります。それを利用して、船の光で集めて網ですくうという漁の方法があるほど。普通は船の周りにトビウオが近づいてくるところをすくうのですが、なかには気合いが入りすぎたのか突進してくる子もいて、自ら船に飛び乗ってくることも。人間にとっては手軽に獲物をゲットできたことになりますが、ジャンプした本人はさぞびっくりするでしょうね。特にダツの仲間はするどくとがっており、夜の海を懐中電灯で照らしていたら飛んできたダツが刺さって大ケガをした、という例もあるので要注意です。

ついつい食い意地を張ってしまいました。

和名	オニボウズギス
目・科	スズキ目クロボウズギス科
生息地	太平洋、インド洋、大西洋の中深層
大きさ	体長25cm

オニボウズギス

あぁ〜、今日の獲物はおいしかった！し・あ・わ・せ♡大きな魚も丸呑みにできるようにビローンと広がる胃袋を準備していたんだけれど、こんなにおなかいっぱいになったの初めてかも。もう天にも昇る心地だぁ〜。実際、今僕、昇って行ってるよね。

うっぷ…。げっぷ出ちゃった。こんなに大きいと消化しきれないや。胃の中で腐ってガスが出てるみたいだけど、そんなこともうどうだっていいんだ。

僕は今、とても満たされた気持ちなの。食べものの少ない深海で長いこと空腹に耐えてきたけれど、文字通りようやく浮かばれたよ。実際、今僕、浮かんで行っているよね。

周りの海がだんだん明るくなってきた。僕の気持ちも明るい。ぼんやりと晴れた空が見えてきた。僕の心も晴れやか。水圧が低い。水温は高い。新しい世界。ここは僕が生きられない世界。意識がぼんやりとしてくる。でも苦しくなんかないよ。満腹になって昇天するなんて本望だ。我が魚生に悔いなし！

ひとことメモ

獲物に出合う確率の低い深海では、口を巨大化させたり、するどいキバを生やしたりと、魚たちは獲物を逃がさないようにそれぞれユニークな進化を遂げています。そんななかでも斬新なのがオニボウズギス。普段はスリムな魚ですが、大きく広がる特殊な胃袋を持っており、自分の何倍もある獲物も飲み込むことができます。捕食後の姿はもはや原形をとどめていないほど。獲物が大きすぎて消化が追いつかず、腐ってガスが発生して、浅瀬まで浮かんで死んでしまった個体も見つかっています。食い意地もここまで突き抜けると美学のように思われますね。

魚が鼻の穴に詰まりました。

A「いや〜。最近体がしんどいねん。ちょっと泳いだだけで息切れてまうんや」

B「なんやおまえ、もう年なんとちゃうか？ 気付け薬・・・イルカ？ なんつってな、あはははは」

A「日に日に苦しくなるんやで。頭ぼーっとしてかなわんわ」

B「ボケとるんやからちゃんとツッコめや！ たしかに最近、おまえ寝てるときによ

ヒレナガゴンドウ

和名	ヒレナガゴンドウ
目・科	クジラ偶蹄目マイルカ科
生息地	冷温帯から亜極圏
大きさ	体長約4〜7m

くうなされてるで。クジラが寝ながら吠えーる（ホエール）、なんつって、あははは」

A「鼻がムズムズすんねん。息苦しいし、くしゃみ出そうやわ」

B「だからツッコめや！ ちょっと見せてみ。…なんやこれ、鼻の穴に魚詰まってるやないか。あははは、おまえ意地汚いなあ、口だけやなくて鼻からも食いもん食べるんやな！」

A「やかましいわ。ふざけてる場合ちゃうねん。おまえの鼻にも魚入れたるわ！」

B「いや、ボケにはツッコんでも、鼻にはツッコむなって！」

ひとことメモ

2014年末から翌年にかけて、オランダの海岸でヒレナガゴンドウの不可解な死体が2体発見されました。研究者が原因究明にあたったところ、なんと彼らの噴気孔にシタビラメの仲間が詰まっていることが判明！ これが原因で窒息死したというのです。ヒレナガゴンドウはイカなどを食べており、シタビラメを好んで捕食することは知られていません。おそらく、なにかの拍子に誤って噴気孔に入り込んでしまったのだと考えられています。体の大きな海獣類にも意外な弱点があったのですね。

自分の電気ショックで死ぬことがあります。

うっわ、ビックリした！

全身にビリビリってきたぞ、おい。なんだおまえ、シビレエイか。そんな風に薄茶色の体で砂の上に横たわっていたら、めちゃくちゃうまそうに見えるじゃねぇかよぉ。

ったく、平和そうな顔しやがって。ちょっと噛みつこうとしただけでそんな本気の電撃くらわすか、普通？

発電するエイがいるってウワサには聞いていたけどよ

和名	シビレエイ
目・科	シビレエイ目シビレエイ科
生息地	本州～九州の日本海・太平洋沿岸、台湾、中国
大きさ	全長37cm

シビレエイ

お、まさかこんなに強烈だとは思わなかったぜ。目の前にキラキラっと星が出たのは初めてだ。俺様の寿命がちょっと縮んだぞ、コノヤロウ！

でもよぉ、このあたりでも最強のサメ、このネムリブカ様をたった一撃で撃退するとはなぁ…。おまえさん、エイにしては、ちっとはやるじゃねぇか。ほめてんぞ。

よし、決めた！おまえさんを俺様のボディーガードとして仲間に入れてやる。どうだ、光栄なことだろう。

…おい。おまえ聞いてるのか？無視すんなって…。返事をしろ！えっ？し、死んでる!? おまえ、自分の電気ショックで死んだのか!?

ひとことメモ

デンキウナギと並ぶ発電する魚の代表格のシビレエイ。普段は獲物となる魚を捕食するときに相手を麻痺させるために電気を使っており、その際には自分で電圧を調整できるようです。ただ、敵に襲われたときに相手を撃退する際は別。瞬時に調整が利かないのか、放電のショックで自分が死んでしまう例も報告されています。なんとも言葉が出ない…。ちなみに、以前焼いたシビレエイをバーベキューで食べたことがあるのですが、体の大部分が発電器官のため、生臭いタピオカのような風味でした。これまで食べたなかで最もまずい魚です。

体中に白い点々がついてマジ最悪です。

さすがのボクでも食べられません…
ホンソメワケベラさん
チョーかゆいんですけど!

和名	カワハギ
目・科	フグ目カワハギ科
生息地	青森県～九州の太平洋・日本海沿岸、中国、フィリピン
大きさ	全長30cm

カワハギ

ちょっと見てよ、この白い点々。おしゃれでつけてるんじゃないし。これ、チョーかゆいんですけどー！

ただの模様かと思ってほっといたら、ちっさい寄生虫だったわけ。クリプトカリオンとかいう宇宙人みたいな名前の。で、ある日いきなり増えてさぁ、体中についたわけ。マジ信じらんない！せっかくの美魚が台無しなんですけどー！

てかさぁ、かゆくても自分ではかけないわけ。ここにさぁ、ヒレ届かないじゃん。だから体を岩にこすりつけてんの。一瞬だけ気持ちいいんだけど、やり続けると体ボロボロになるし、そしたら別の病気にもかかりやすくなるし、マジ最悪ー！

こないだアタシ、チョーいいこと考えたの。ホンソメワケベラっているじゃん。あの体についた寄生虫食べてくれるひょろひょろしたやつ。この白い点々もとってもらおうと思って近づいてったわけ。したらさぁ、アイツ、ガン無視しやがったんだけど。全然食べないの。マジ意味不明ー！

ひとことメモ

海水魚を飼育していると一番悩まされるのが白点病。我が家のように海から連れてきた魚を水槽に入れていると、病原虫が持ち込まれて発症しやすくなります。最初はヒレにポツポツと白い点がつくくらいなのですが、しばらくすると爆発的に増えて体中を覆い、エラまで到達すると呼吸困難になって死に至ることも。しかしこれはろ過機能の徹底や健康管理によってある程度防げるもの。悪化させてしまうのは飼育者のせいなのですが、海の中ではあまり見られないのに水槽という閉鎖された環境で起きやすいことを考えると、海はやはり偉大だなと痛感します。

獲物が大きすぎてノドに詰まっちゃいました。

和名	カエルアンコウ
目・科	アンコウ目カエルアンコウ科
生息地	北海道～九州の太平洋・日本海沿岸、中国、インド洋
大きさ	体長16cm

カエルアンコウ

カエルアンコウ「フガ！フガフガフガ！（もう！こんな大きな魚飲み込めるわけないじゃん！）」

キュウセン「モガモガ！モガモガ！（それはこっちのセリフよ！どうしてくれるのよ！）」

カエルアンコウ「フガガ、フガフガ！（息できないじゃない、早く口から出てってよ！）」

キュウセン「モガモガッ。モガモガモガ！（アンタが勝手に飲み込んだんでしょ。そっちが吐き出しなさいよ！）」

カエルアンコウ「フガフガガ、フガフガフガ。フガフンガフガガフガ！（飲み込むのは得意だけど、吐き出すのは慣れてないのよ。なんとかして自力で抜け出してちょうだい！）」

キュウセン「モガッ！モガモガモガ（やってるわよ！でもエラが引っかかってんのよ）」

カエルアンコウ「フガ、フガガ…フガ…フ…ガ……（ああ、もうダメ…息が苦し…意識が…）」

キュウセン「モッガ！モガガガ！モガモガガ！（ちょっと！このまま死なないでよ！私も死んじゃうじゃない！）」

ひとことメモ

魚類界最速のスピードで狩りをするカエルアンコウ。おでこには背ビレの一部が進化した釣り竿のような器官（イリシウム）を備えています。さらに先端のゴカイのような疑似餌（エスカ）を巧みに操り小魚をおびき寄せて飲み込みます。口がとても大きく、細長い魚であれば自分と同じくらいの大きさの獲物でも飲み込めますが、たまにまちがって到底飲み込めないサイズの魚に食らいついてしまうことも。頭から飲まれた魚はエラを開くと釣り針の返しのようになり、口の中で引っかかります。最悪、お互いに息ができず、そのまま死んでしまうこともあるとか…。

“わき見遊泳”には注意が必要です。

私は交通安全を守る保安イソギンチャクである。岩に囲まれた突き当たりに根付いている私は、ちょうど3方向を見渡せる場所にいる。このT字路はいつも魚通りが多い。居眠り遊泳をしている魚や交通規則を守らない魚がいたら、触手をわさわさ揺らしながら大きな声で注意するのだ。

「そこのカイワリ君。右折魚優先ですよ。一旦止まりなさい」「ハダカイワシ君。スピー

和名	ソラスズメダイ
目・科	スズキ目スズメダイ科
生息地	伊豆諸島、鹿島灘〜九州の太平洋沿岸、琉球列島、東インド〜太平洋
大きさ	体長7cm

ソラスズメダイ

ドを出し過ぎですよ」

　私の見守りのおかげで、今日も事故は0件。1カ月連続無事故、非常に優秀である。ん、あれは誰だ？　向こうから高速で近づいてくる魚が…。

「あー、そこのソラスズメダイ君。ここはT字路ですよ。スピードを落とさないと。お、おい、聞こえないのか？　止まりなさい！　なぜまっすぐ私に向かって突っ込んで来るのだ！　ああ、痛…くはないが、君、即死じゃないか。私は毒を持っているのだぞ。いったいなにを考えているのだ、この若者は…」

　こうして1カ月連続無事故の目標は達成されなかったのだ。無念である。

ひとことメモ

西伊豆のダイバーさんから興味深い話を聞きました。浅瀬を観察していると、ときどき小魚がイソギンチャクに突っ込んで死んでいる様子を見かけるというのです。イソギンチャクの触手にはクラゲと同じように刺胞毒があり、クマノミの仲間など一部の特殊な魚を除いて、普通は近づきません。いったいなぜ彼らは突っ込んでしまうのか、ダイバーさんもふしぎに思っているそうです。〝わき見遊泳〟でもしていた…なんてことはないですよね。

コラム4
海の生きざま
カリブック

以心伝心テレパシー？
心が動けば、魚が動く

心理学者たちが長年バトルしているテーマに「遺伝か環境か」というものがあります。背の高さは遺伝、知識量は環境によるものだと想像しやすいですが、才能や知能はどうでしょう？

　バッハの一族には音楽家が多いそうですが、これは音楽的才能が遺伝したためとも考えられますし、幼少期から音楽が身近にあったという環境由来とも考えられますね。

　僕が好きなエピソードにネズミを使った実験があります。ネズミにも知

能の差があるため、迷路を早く覚えて速やかにゴールのエサにたどり着く個体もいれば、なかなか覚えられない個体もいます。そこで研究者は、迷路学習が得意な高知能ネズミ同士、苦手な低知能ネズミ同士を交配させ、実験を進めていきました。すると、世代が進むほど成績の差は開いていったのです。高知能サラブレッドネズミはより賢くなり、「知能は遺伝する」派の学者は大喜び。

　しかし、「環境の影響が大きい」と言い張る学

者はあきらめません。ある日、担当するネズミが高低どちらの出身なのかを実験者が知らない状態で試してみたのです。すると、両群の成績の差はなくなっていきました。どうやら実験者がそのネズミにどのくらい期待しているかという心が、態度などに些細なちがいとして表れ、結果を歪めていたということが見えてきたのです。人間とネズミ。種の壁を越えて心が伝わることが科学的に証明された瞬間でした。

　さて、我が家でもまさに人間の心が魚に伝わっているとしか思えないふしぎな現象が起きました。家の水槽で育てている魚は成長して手狭になると、出会った海に返しに行くことがあります。その際、家族で「今週末、逃がしに行こう」と話をすると、逃がす日の直前、元気だったその魚が突然死んでしまうのです。

　一度や二度なら偶然だと思えるのですが、同じことが何度も発生。これはおかしいと思って考えた末、「逃がす」ではなく「お引っ越しさせる」と

いう言葉を使うことにしました。すると、元気なまま海に返すことができるようになったのです。

　この出来事は決して理由が科学的に明らかにされているわけではありません。ただ僕が思うに、「逃がす」という意識がなんらかの方法で魚に伝わり、「追い出される」という感覚を与えてしまうのかもしれません。人も、ネズミも、魚も、どのように接するかによって相手の動きが変わる。心が持つ影響力を甘く見てはいけませんね。

第5章

僕たち死んだら変身します。

威嚇したり隠れたりするために体を変化させる
いきものがいますが、なんと死後に
華麗なる変身を遂げる海のいきものたちもいます。
なかには、死にざまがそのまま名前になっているものまで!?
彼らの死の置き土産は、私たちにさまざまなことを
教えてくれます。

海底警察署の
おさわがせ取調室

カニ刑事に捕まったのは誰？

答え サカタザメ（罪状：宇宙人だと嘘をついた罪）

死んだらとけます。

水中でパパを感じるわ…

ミズクラゲ

和名	ミズクラゲ
目・科	旗口クラゲ目ミズクラゲ科
生息地	北海道から沖縄、全世界
大きさ	傘の直径10〜30cm

先日、約1年連れ添った夫が亡くなりました。健康で多くの子どもにも恵まれ、魚につつかれることもなく、幸せな一生だったと思います。

夫の遺言書が見つかったので読みました。そこには、遺産はすべて妻である私に相続させると書かれていました。夫の遺したものといえば、生前ともに過ごした想い出だけです。私にはそれだけで十分なのです。

ひとつだけ困ったことがあります。遺言書には「自分が死んだら火葬してふるさとの海に散骨してほしい」と書かれています。しかし、肝心の夫の遺体がないのです。死後すぐにとけてしまったのです。夫の遺志を尊重したいのですが、それが叶いません。悲しむ私に、息子が言いました。「パパはとけて水になって、ふるさとの海に還っていったんだよ。だから、願いはちゃんと叶っているよ」と。

息子はあなたに似て、強くやさしいクラゲに成長しましたよ。この海でかがやく多くの生命を包み込んで、どうぞ安らかに眠ってください。

ひとことメモ

クラゲは体の95%以上が水分。死後は、体の形を保てなくなり、徐々に水にとけて消えてゆきます。彼らは心臓も脳も持たないため、どこからが死なのか明確に示すことがむずかしい存在でもあります。いきものなのに最初は植物のように岩から生えていたり(ポリプ)、自分のクローンを作ったりと、その生態はまかふしぎ。若返る不死身のクラゲとして注目されているベニクラゲのみならず、最近の研究ではミズクラゲも分解された死骸からポリプが現れたという報告もあり、生と死の境界について考えさせられる存在です。

生きてるときの体の模様、ちゃんと描けますか？

死後

生前

こっちの姿で覚えてほしいぜよ！

和名	カツオ
目・科	スズキ目サバ科
生息地	日本近海、朝鮮半島、世界中の熱帯～温帯域
大きさ	尾叉長 1m10cm

カツオ

おまんら人間どもはなにもわかっちょらん。昔からまっこといろんな料理でわしの世話になっちょるがに、誰もわしの本当の姿を知らんぜよ。

そこのおまえ、ちっくとわしの絵を描いてみいや。

…そう、体の形はおうちゅーぜよ。次はヒレやね。うむ、形も位置もおうちゅう。おまん、なかなか絵がうまいぜよ。そんで背中を黒う塗って…。カンペキぜよ！ようわかっちゅうね。わしはおまんのような人を探しちょったぜよ！

…ん？ちっくと待ちや、まだなにか描き足しゆうがか？おまん、わしの腹にタテジマ模様を描いたんか？…それぜよ！わしはがっかりぜよ。

おまんらはみんな、その模様を描くけんど、それはまちがいぜよ。それは、わしの本当の姿やない。

死んだ後に現れる模様ながやき。いいか、わしの生きちゅうときの美しい姿をしっかり見とうせ！頼むき、生きてるときのわしの模様を描けるようになっとくれ！

ひとことメモ

日本の食卓には欠かせない魚、カツオ。市場やスーパーマーケットで見かけることが多い魚ですよね。しかし、生きて泳いでいるときの姿はあまり見たことがないのではないでしょうか。じつは鮮魚コーナーに並ぶカツオのおなかに見られる数本のタテジマ模様は、釣り上げられた直後や死後に現れるもので、彼らが生きているときには通常見られません。身近な魚にこそ、知られていない生態がたくさんあるものなのです。ちなみに、魚のシマ模様は頭を上にした状態で見るので、死後のカツオのおなかに現れるのはタテジマです。

美しい死に化粧が自慢です。

沖縄の市場は本当に華やかねぇ。色とりどりの魚が並んでいるわ。赤いフエダイの仲間でしょ～。隣は緑がかったブダイの仲間ね。それからこっちには、鮮やかな黄色のシマ模様をまとったハタの仲間がいるわよ。

そ・し・て、ほら見て、あそこに眠ってるのがアタシ。どぉ？ きれいな赤でしょ！ 目立ってるでしょ～！

じつはね、この色、死に化

和名	タカサゴ
目・科	スズキ目タカサゴ科
生息地	琉球列島、西太平洋の熱帯域
大きさ	尾叉長25cm

タカサゴ

粧なの。生きていた頃のアタシは白っぽかったのよ。それはそれできれいな自慢の色だったんだけど、ひかえめな色合いだから、市場に並ぶとほかの魚の色に勝てなくて埋もれちゃうのよね。

アタシは沖縄を代表する魚ですからね。県魚として、死んだあとも注目される美しい姿でいたいじゃない。人間は死後のアタシを見ることのほうが多いんだから、死に化粧はバッチリしないとね。みんなに見られても恥ずかしくないように目立たせてもらうわ。

うふ、もう生きてるときから赤い魚だと思われてもいいわ。最期に美しく見えた者が勝ちなのよ。おほほほ！

ひとことメモ

青緑がかった背中に白っぽいおなか、体側に黄色のシマ模様がかがやくとても美しい魚、タカサゴ。本州ではあまり馴染みのない魚ですが、沖縄ではグルクンと呼ばれ、県魚にも指定されている重要な食用魚です。彼らは死後に体色変化をすることが知られており、鮮魚コーナーに並ぶ頃には全身赤い魚に変わっています。この色は死後だけでなく、夜寝ているときや興奮したときにも見られます。体の状態や気分が色に現れる…。まさに「顔色が変わる」魚ですね。

抜けトゲに悩んでいます。

あ…
また抜けた…
ねぇ、ママあの人って…
しっ…！ 見ないの！

和名	ガンガゼ
目・科	ガンガゼ目ガンガゼ科
生息地	相模湾、若狭湾以南、インド・西太平洋
大きさ	殻径7cm

ガンガゼ

先生、私、最近ね、ちょっと、その…悩みがありましてね。いや、まあ、たいしたことはないんですけどね。先生に、相談するような、ことでもない…かもしれないんですけどね。

あ、いえいえ、食欲が落ちたとかでは、ないんですよ。歩く速さも、それは、まあ、若い頃のようには、いきませんがね、まだ特に困るほどでは、ないんですね。それよりも、もっと、なんというか…、恥ずかしい話でしてね。

いや、やっぱり言えません。

私の、アイデンティティに関わる、といいますか、気持ちの問題でも、あるんですよ。…治せるかもしれないから話してみなさいですって？　先生、笑わないで聞いてくれますか？

それじゃ、言いますけどね。じつは、その、あれですよ、ぬ…抜け毛、じゃなく、抜けトゲがですね…、最近、進んでいましてね。あ、先生、絶対、誰にも、言わないでくださいね。

え？　見ればわかる？　そ、そんな…。も、もう恥ずかしくて生きていけない…。

ひとことメモ

ウニのなかでも特に長いトゲを持つガンガゼ。毒トゲの先はほかのウニよりも細くとがっているため刺さりやすいのが特徴です。また、細かい返しがついていて折れやすいため、刺さると皮膚の中に残ってしまうことがありとても危険です。海で遊ぶ際には近づかないように注意しましょう。そんないかついガンガゼを含め、ウニの仲間は体調をくずしたり死期が近づいたりすると、自慢のトゲが抜け始めます。ただでさえ弱っているのに、防御のためのトゲを失ってしまってはもう無防備。トゲと一緒に、アイデンティティも消え去ってしまうかもしれませんね。

名前のつけられ方が不本意です。

生きてるときはさわやかなの！

和名	アカヒメジ
目・科	スズキ目ヒメジ科
生息地	房総～九州の太平洋沿岸、琉球列島、インド・西太平洋
大きさ	体長38cm

アカヒメジ

ひどい…ひどいわ！　わたしのこと「アカ」って呼ぶなんて…。純白の体に黄色のラインとヒレをまとって、こんなにさわやかな印象をアピールしているのに。せっかくの清純派イメージがくずれてしまいますわ…。

たしかにわたし、赤くなるときもありますわ。夜に獲物を探しているときとか、怒ったときとか。でも、この名前は、そんなわたしの別の顔を見て付けてくださった名前ではないのでしょう？　きっと死んだ後の姿を見てつけたのだわ。

わたし、死んだら赤くなるの。元気なときのさわやかさとはうって変わって。なんて不吉な名前なのかしら…。そもそも、わたしたちヒメジの仲間って名前のつけられ方が哀れだと思うの。「オジサン」なんて名前の子もいるのよ。若くても、女の子でもオジサンよ。見た目がうるわしいから「ヒメ」はピッタリだと思うけれど、最後の「ジ」で響きが台無しじゃない。ヒメって呼んでくださらない？　え？　そういう魚はもうほかにいるのね。先を越されたわ…。

ひとことメモ

魚のどの状態を見るかによって印象ががらりと変わる例は多くあります。研究では、市場に並ぶ姿や標本など死後の状態を扱うことが多いため、生きているときの色と名前とが一致せず、一見するとふしぎな名前が付けられていることもしばしば。ヒメジの仲間といえば、2本のあごひげが特徴です。先端には味蕾という味がわかる器官があり、このひげを器用に動かして海底の砂の中の獲物を探すことができます。ちなみにオジサンという名前もこのひげから付けられたもの。楽しい名前のセンスですが、本人たちにとっては不本意かもしれませんね。

脱いだ洗濯物じゃありません。

メンダコ

和名	メンダコ
目・科	タコ目メンダコ科
生息地	北西太平洋の日本近海
大きさ	体幅最大26cm

ひっくり返して脱いじゃった洗濯物ではございません。
メンダコでございます。
タコはタコでも、ただのタコではございません。
深海のいきもののなかでも特に人気の高い、メンダコでございます。
ツイスターゲームで白熱している人たちではございません。
ひとりでございます。
地下鉄の風でスカートがめくれちゃった有名女優ではございません。
吸盤の並びが不規則なのでオスでございます。
スーパーマーケットで売れ残ってしまったキャベツではございません。
外側の葉をむいてもタコ本体が出てくるだけでございます。
匠の技が光る斬新な陶芸作品ではございません。
触ると想像以上にぷよぷよしています。
膜で顔を隠している恥ずかしがり屋さんではございません。
これは私、メンダコの死後の姿でございます。以後、お見知りおきを。

ひとことメモ

まるでUFOのような姿のメンダコ。耳のように見えるヒレをパタパタと動かしながら泳ぐ姿がとってもかわいらしいと水族館でも大人気の深海性タコです。足をのばして器用に使う多くのタコとはちがい、大半が膜に覆われているため、あまり自由に動かすことはできません。元気なときには体を平たくして海底の砂地でぺたんこになっているのですが、体調をくずしたりストレスを感じたりすると体がこんもりと盛り上がります。飼育観察をしている専門家に聞いたところ、死ぬときには足の先が反り返って、膜がめくれたような姿になるそうです。

死後は宇宙人になります。

和名	サカタザメ
目・科	サカタザメ目サカタザメ科
生息地	東北～九州の太平洋・日本海沿岸、台湾、中国、ベトナム
大きさ	全長1m

サカタザメ

ワレワレハ、宇宙人ダ。今ハ海底デヒッソリト暮ラシテイルガ、コレハ仮ノ姿ダ。本来ハ、宇宙人ダ。水族館デ飼育サレタリ、底引キ網漁デ捕獲サレテ加工食品ニサレタリシテイルガ、ソンナノハ地球デノオ遊ビニスギナイ。本来ハ、宇宙人ダ。

ナンダ、ソノ疑イノ目ハ。ヨシ、信ジナイノナラ証拠ヲ見セテヤロウ。コレヲ見ロ。コレハ、ワレワレノゴ先祖様ノ「ミイラ」ダ。ドウ見テモ宇宙人ダロウ。ワレワレハ死ンダ後、本来ノ姿ニ戻ルノダ。

ナニ？タダ干シテ魚ッポクナクナッタダケダト？ワレワレヲ侮辱スル気カ！宇宙人ヲ怒ラセルトハ、イイ度胸ダ。覚悟シテオレ、宇宙カラ攻撃ヲシテヤルカラナ。死後ニ。

ツイデニ言ッテオクガ、サメッテ呼ブナ！ワレワレハ、エイノ仲間ダ。イヤ、本来ハ宇宙人ナノダガ、仮ノ姿トシテ、エイノフリヲシテイルトイウ意味ダ。ヒ、ヒトリシカイナイジャナイカッテ言ウナ！宇宙人ハ、ヒトリデモ、「ワレワレ」ト言ウノガカッコイイノダ。

ひとことメモ

とがった鼻先にスリムな体型。一般的な丸っこいイメージのエイとは雰囲気がちがい、名前もややこしいのですが、エラ孔がおなか側にあるためサメではなくエイの仲間です。このサカタザメ、干物にしたあとにおなか側から見ると、笑っちゃうくらいエイリアンっぽいんです。鼻の穴にあたる部分が目のように見え、ヒレは手のよう。足やしっぽのような部分までカンペキです。天使や悪魔のように見えるエイの干物は世界でも人気があり、ヨーロッパでは「ジェニー・ハニヴァー」という呼び名で船乗りの間で取引されていたそうです。

未確認生物？いいえ、ただのサメです。

和名	ウバザメ
目・科	ネズミザメ目ウバザメ科
生息地	北海道～琉球列島の太平洋・日本海沖、全世界の温～寒帯
大きさ	全長9m80cm

ウバザメ

あららら、これはまた、ずいぶん人が集まっちゃって！　報道関係者までこんなにたくさん。どうもどうも！　お忙しいなか、すみませんね。いやいやいや、盛り上がっていらっしゃるところじつに申し訳ないのですがね、私、未確認生物などではなくて、昔からよく知られているただのウバザメなんですよね。ちょっと腐っちゃっただけの、ウバザメなんですね。

その上なんとなんと！　私、「ニューネッシー」なんて呼ばれているのですか。あの世界を騒がせたネッシーさんの、おニューということですか。いやいやいや、そんなそんな、私ごときにそのような名前、もったいないもったいない。

あちゃ〜、この部分、首長竜の首のように見えちゃいましたか。あらららららら。私らサメはですね、軟骨魚類ですからね、死後に腐ると、もう体の形を保てなくなりましてね。こんなふうにだら〜んと垂れ下がっちゃうわけですよ。いやいやいやいやいや、夢を壊してしまって申し訳ないですね。

ひとことメモ

1977年4月25日、ニュージーランド沖で日本のトロール船が巨大な腐乱死体を引き揚げました。全長約10メートルもあるその死体をクレーンで吊り上げたところ、大きな胴体から長い首のようなものが垂れ下がり、それは大きなヒレのついた見たこともない姿でした。死体はすぐに海に捨てられましたが、その後、この写真がマスコミで取り上げられ、未確認生物「ニューネッシー」と呼ばれて話題になりました。正体をめぐってはさまざまな説がありますが、採取された死体の一部の分析や写真の骨格などから、ウバザメであるという見方が有力とされています。

ざんねんな死にざま
カリブ宅の怪死現象

僕の家には生まれたときから海水魚の水槽がありますが、大切に飼っていても死なせてしまうことがあります。

たとえば飛び出し。魚はおどろいたときに水面からジャンプすることがあります。そのとき、水槽にフタがなかったりすると、気づいたときには床で干物になっているという悲しい結果に…。ほかにも、フィルターに吸い込まれたり、ケンカでやられてしまったり、病気になったり…。これらはすべて飼育者の不注意

による死。つまり、僕のせいです。こうした経験を重ね、今では不注意による死は防げるようになりました。しかし、ときとして予想できない死に直面することがあります。

たとえばキュウセン。元気に過ごしていたその子がある日僕の目の前で、突然ガラス面に向かってダッシュしました。ゴッという鈍い音が響いて、キュウセンは二度と動かなくなりました。側線を持つ魚たちは、目で見えていなくともガラス面との距離は感知できている

はず。いったいなにが起こったのか…後味の悪さと謎が残りました。

一時期、水槽にアサリを入れていました。アサリは水をきれいにしてくれるため、少しでもいい環境になればとの思いからです。ある日家に帰ると、大切に育てていたカワハギの仲間の幼魚がアサリに口を挟まれた状態で息絶えていました。おそらく口を開いたアサリがおいしそうに見えたのでしょう。中身をつつこうと顔を突っ込んだ瞬間、プレス機のような力でアサリが貝殻を閉じ、呼吸ができなくなったのだと思います。それ以降、決して水槽にアサリを入れなくなりました。

なかでも一番大きな謎として残るのが、水槽の魚が一夜にして全員消えたことです。単純に死んだとかではありません。10匹ほどの生命力の強い魚たちが、朝起きたら跡形もなく完全に消えていたのです。まず疑ったのが両親。寝ぼけて食べたのではないかと問い詰めましたが、否定されました。バクテリアが爆

発的に増えて分解されてしまったのではないかと無理矢理推測するも、モヤモヤは晴れません。もしや神隠し？　僕もその瞬間を見ていたら、異世界へと吸い込まれていたかもしれません。

これらは実際に我が家で起きた怪奇現象です。今後もこうしたエピソードが溜まるようでしたら老後に怪談集を出版しようと思いますが、そんなの嫌だ！　僕はただただ、大切な魚たちが長く健康に暮らせるよう努めるだけです。

第6章

海の中には危険がいっぱいです。

きびしい海の中で子孫を残していくためには
どんな環境でもたくましく生き抜かなければなりません。
ここからは、選んだ選択肢によって
カリブウオくんたちの未来が変わります。
待ち受けるゴールは生存？
それとも絶滅？

僕たちはカリブウオ。最近、仲間がどんどん減っていってしまってこのままだと僕らは絶滅しそうなんだ。これから種の存続をかけて、新しい“住みやすい場所”をさがしにいくよ！仲間たちと生存していくために、大海原にレッツゴー！

僕たちを新しいすみかに連れていって！

海のサバイバルクエストのあそび方

100匹のカリブウオの群れを率いて旅をしながら読み進めます。手持ちのカリブウオの数が0匹にならないようにクエストを進め、生存の道に進みましょう。

1. 選んだ場所にいる敵から受けるダメージによって群れの数が減っていきます。カリブウオの数が0匹になったらゲームオーバー。115ページから再スタートしましょう。

2. 読み終えたら、ページ左下の選択肢から次に進む場所を選び、そのページへ進みましょう。
※もちろん、普通に読み進めることもできるよ。

最初に行くエリアを選びましょう

表層 116ページ
藻場 122ページ
サンゴ礁 126ページ
岩場 132ページ

エリア
表層

国内最強の毒使い・ハブクラゲ

毒まみれの触手を勢いよく振り回します。

おい、カリブウオども。「な～んだ、クラゲか～安心～」なんて思っただろ、今。「クラゲってプランクトン生活してるから、泳ぐの遅いよね～逃げるの楽勝だよね～」とか「目もないし、なにも考えてないから追いかけてはこないよね～」とか話してたんだろ、どうせ。ポケ～っとした顔しやがってコノヤロー！

それともあれか？「クラゲの触手の間に隠れている魚

危険メモ

遊泳力が乏しく浮遊生活をするいきものを総じて「プランクトン」と呼びます。クラゲもそこに属しますが、なかにはかなりのスピードで泳ぐ者も。ハブクラゲが属する箱虫綱（通称、立方クラゲ）は、遊泳力が優れているだけではなく、なんと高性能な目も持っています。この目を使って明るいほうへ泳ぎ、光に集まるいきものを効率よく捕食すると考えられています。脳はないのでどのように外界を認識しているのかは謎ですが、日本最強の毒を持ち、海水浴場など浅瀬にも現れるので、沖縄などで泳ぐ際には十分お気をつけください。

もいるから、毒たいしたことないよね～」とか考えてたのか？バカにしやがって！

　どうやら痛い目をみないとわからないらしいな。世の中にはなぁ、隠れようなんて気持ちが吹き飛ぶほど強力な毒を備えて、優れた目を持ち、プランクトンの概念が変わるほどのスピードで泳ぐ、そんなクラゲがいるんだ。そう、この俺こそがハブクラゲだ！今日がおまえらの命日だ。全滅させてやる！…意外と少なかったな。実際のところ、この目は明暗を見分けるのが得意なくらいで、そこまで意思を持って獲物を追いかけるわけではない。残ったヤツらは運が良かったな。

ダメージ

－10匹

（手持ちポイントから引き算してね）

次はどこ行く？

表層　118ページへGO
サンゴ礁　128ページへGO
岩場　134ページへGO

和名	ハブクラゲ
目・科	ネッタイアンドンクラゲ目 ネッタイアンドンクラゲ科
生息地	南西諸島の内湾
大きさ	傘高20cm

エリア

表層

即殺ハンター・オニカマス

獲物を見つけたら猛スピードで突撃します。

ねえねえ、そこのカリブウオくんたち！おじさんと一緒に、〝だるまさんがころんだ〟をしてあそばない？も〜、そんなに警戒しないで。大丈夫。おじさん、こーんなに遠くにいるからさ。顔が怖い？ああ、キバが生えているけれど、口は大きく開かないから。それにほら、こうしてじーっとして浮かんでるだけだから。安心して、一緒にあそぼ！だるまさんが

危険メモ

最大1.5メートル以上にもなる巨大なカマス。古代魚のような風格の細身で、大きな口にはするどいキバが並び、いかにもハンターという見た目をしています。普段は海の表層で器用にピタッと停止して浮かんでいるので、一見おとなしい魚かと思ってしまいますが、これは瞬時に襲いかかるための待ち構え姿勢。いわば照準を合わせているところです。そして獲物を見つけると、ミサイルのように猛スピードで突撃します。ときには人が襲われることもあるため、南の海では「バラクーダ」という名前で恐れられています。

ころんだって言ってみて？

（カリブウオ）「だるまさんがころんだ」

…ほらね、おじさんとの距離、変わってないでしょ。体は大きいけれど、全然速く泳げないから、ね、もっとあそぼ！もう1回やってみて。

（カリブウオ）「だるまさんがころんだ」

ダメだ〜ちっとも君たちに近づけないや。でも、おじさん、ピタッと止まるのは上手でしょ？もう安心してくれたよね？もうお友達だよね？

よーし、じゃあもう1回やろう！　次はがんばるぞ〜。

（カリブウオ）「だるまさんがころん…」

…ぐわっ！！！！！

ダメージ
−20匹
（手持ちポイントから引き算してね）

次はどこ行く？

藻場 124ページへGO
中層 146ページへGO
深海 150ページへGO

和名	オニカマス
目・科	スズキ目カマス科
生息地	相模湾〜琉球列島の太平洋沿岸、インド・太平洋・大西洋
大きさ	尾叉長1m60cm

エリア

表層

一撃必殺仕事人・ニタリ

ムチのような尾ビレで強烈ビンタします。

どうもどうも～！　オレ、ニタリっていうんや。変な名前やろ？　でも、これ本名なんやで。オナガザメ友達のマオナガに似てるから「似たり」なんやて。

えーって感じやろ。せめて「サメ」くらいつけといてほしかったわ。

オレ、漫才やってててな、ツッコミ担当なんや。この自慢の長い尾ビレでな、相方の頭をバシッと叩くとスッキ

危険メモ

長い胸ビレと尾ビレ。独特の姿で外洋の表層を泳ぐニタリ。するどい歯が並んだ口を武器にする多くのサメと比べると、彼らはちょっと変わっているかもしれません。体と同じくらい長く伸びた尾ビレの上側をムチのように使い、獲物の小魚やイカを叩くのです。彼らが通り過ぎてくれたからといって安心してはいけません。武器はうしろにあります。それにしてもなぜ標準和名が「ニタリオナガザメ」ではなく「ニタリ」だけになったのでしょうね。これではなにに似ているのかすらわからない！　それこそツッコミを入れたくなるゆかいな魚種名のひとつです。

りするねん。

漫才師はな、いつでもツッコミの練習をしてるんやで。日常のちょっとしたことにもツッコんでみるんや。海の中はネタだらけやからな。

たとえば今のキミたちも、ひとつツッコめたはずやで。正面からこんな顔したサメが近づいて来て、一瞬食われるって思ったやろ。

でもな、オレ、素通りしたやろ？ そんなときはこうやってツッコむんや。「いや、襲わんのかーい！」って。

…あれ？ キミたち、死んでもうた！ 堪忍な〜。いつも相方と漫才するかんじで思いっきり尾ビレ振ってもうたわ。許したって〜！

ダメージ
−30匹
（手持ちポイントから引き算してね）

次はどこ行く？

岩場 138ページへGO
砂地 144ページへGO
深海 154ページへGO

和名	ニタリ
目・科	ネズミザメ目オナガザメ科
生息地	東北〜九州、琉球列島、インド・太平洋の亜熱帯〜熱帯域
大きさ	全長3m90cm

エリア
藻場

擬態捕食マスター・ハナオコゼ

隠れてあなたを狙っています。

メージ
10匹
手持ちポイントから引き算してね)

危険メモ

大海原を漂う幼魚にとって、海面に浮かぶ流れ藻はとてもありがたい隠れ家。安心を求めて身を隠しに集まるのですが、そんな場所にも敵はしっかり潜んでいます。底生生活をする種類が多いアンコウの仲間では珍しい表層タイプのハナオコゼは、体の色も模様も、表面のフサフサまでカンペキに流れ藻っぽく進化。手のようなヒレでがっしりとつかまり、獲物が気づかず近くを通るのをじっと待っています。巨大な口で大きな獲物も瞬時に飲み込んでしまう優れた捕食能力を持ちますが、泳ぎは得意ではありません。流れ藻生活に特化した生きざまなのですね。

おや？ そこのあなた。今、目が合いましたね。流れ藻にとけ込んでいる私を見つけられるとは、なかなかいい目をしていらっしゃる。ただし、私がここにいることはくれぐれも内密にお願いします。

見えますか？ あちらのほうから、のんきな顔をしたカリブウオの群れが近づいて来ます。ああ、おいしそうだ。

今、私は腹ペコなのです。気配を消して、ここで待ち伏せをして安全な隠れ家だと思って近づいてくる魚を丸呑みにするという作戦をまさにこれから実行しようというところなのです。

あなたに近くで見つめられていては、計画が台無しになってしまいます。遠くから、それとなく、私が捕食する雄姿をご覧になっていてください。ほら、来ますよ。お静かに！

ばくっ！ あっ、ほら〜、あなたのせいでたくさん逃がしちゃったじゃないですか！ 私、大食いなんですからね、これっぽっちじゃ満足できません。もう、こうなったら、あなたを食べます。ばくっ！

次はどこ行く？

表層 118ページへGO
岩場 134ページへGO
砂地 140ページへGO

和名	ハナオコゼ
目・科	アンコウ目カエルアンコウ科
生息地	日本全域、インド・西太平洋、ハワイ諸島、大西洋
大きさ	体長14cm

エリア

藻場

海の美形悪役・ミノカサゴ 海藻のふりをして狙っています。

おっほっほっほ。カリブウオ坊やたち、なにをそんなに見つめているのかしら？アタシはただのケヤリムシよ。岩から生えてじっとしている、おとなしいいきものよ。ただ、ちょっと、美しすぎるだけ。おーっほっほっほ！ご覧なさい。この岩のあっちにも、こっちにも、たくさんケヤリムシが生えているでしょう。アタシもおんなじ仲間よ。ちょっと大きいけれど、

危険メモ

ハナオコゼが流れ藻に擬態し、中に入り込んでいるのに対して、ミノカサゴは岩から生えている海藻やイソギンチャクなどにそっくりな姿になります。つまり、身を隠さず単身での勝負。さらに、彼らは泳いで獲物を追いかけることも得意です。背中のトゲには強い毒があるため、攻守ともに優秀なハンター。漁港をのぞいていると、特にゴカイの仲間のケヤリムシの近くで壁面に貼り付いていることが多いです。長く伸びたヒレの色や模様が見事に同化していて、目を凝らさないと気づけません。カリブウオたちも油断して近づいてしまうことでしょう。

でもほら、この中で一番美しいと思わないかしら？　おーっほっほっほ！

　ほら、もっと近くにお寄りなさいよ。このお花みたいな部分に見とれているのでしょう？　淡い色あいのヒラヒラに、きれいなシマ模様。わかるわよ〜。

　美しくて目が離せないのね。近くでじっくりご覧なさい。もっともっと近くで。きっと夢のような世界が目の前に広がるわ。

　とっても心地よくて、一生忘れられなくなるような世界…アンタたちが最後に見るにはもったいない景色ね！　あーっはっはっは！（**今だ、チャンスよっ！**）バクゥ！

次はどこ行く？

表層　120ページへGO
サンゴ礁　130ページへGO
砂地　142ページへGO

和名	ミノカサゴ
目・科	スズキ目フサカサゴ科
生息地	北海道〜九州の太平洋・日本海沿岸、朝鮮半島
大きさ	体長20cm

エリア
サンゴ礁

無邪気なシリアルキラー・バラフエダイ
油断したところを丸呑みさせていただきます。

○月×日（若潮）

きょうは、いつものあきちで、なかよしのスズメダイくんたちといっしょにあそびました。ぼくだけひとり、スズメダイではないけれど、みためがにているので、いつもなかまにいれてくれます。おいかけっこをしたり、かくれんぼをしたりして、とってもたのしかったです。

しばらくすると、ぼくたちよりも、もっとちいさなカリ

危険メモ

成長すると赤みを帯びるバラフエダイですが、幼魚の頃は薄い青緑色の体に黒い模様の入った二股の尾ビレの姿です。これがササスズメダイなど一部のスズメダイの仲間におどろくほどよく似ていて、実際に彼らの群れに紛れ込んでいます。スズメダイ類は口が小さくプランクトン食のため、小魚は安心して近づいてくるのですが、バラフエダイはそこに目をつけたのですね。油断している小魚を大きな口で丸呑みにしてしまいます。なんとかしこい策士なのでしょう！　このように、獲物をとるためになにかのふりをして生きる習性は「攻撃擬態」と呼ばれます。

ブウオくんたちが、あきちにはいってきました。いっしょにあそぼうかなともおもいましたが、ちょうどおなかがすいていたので、なんびきかたべました。

　ぼくがひとりのときにおいかけると、いつもカリブウオににげられてしまうのに、スズメダイくんたちといっしょにいるときは、なぜか、にげずにちかづいてくるのが、おもしろかったです。おいかけるよりも、らくだときづいたのが、うれしかったです。あしたも、おなじばしょで、スズメダイくんたちとあそびながら、カリブウオくんがとおるのをまって、たくさんたべようとおもいます。

ダメージ
−10匹
（手持ちポイントから引き算してね）

次はどこ行く？

表層 118ページへGO
サンゴ礁 128ページへGO
砂地 140ページへGO

和名	バラフエダイ
目・科	スズキ目フエダイ科
生息地	南日本の太平洋沿岸、琉球列島、インド・太平洋
大きさ	尾叉長80cm

エリア

サンゴ礁

爆裂ボクサー・モンハナシャコ

剛速のパンチをお見舞いします。

あっわりぃ…。
あたっちまった…
ダメージ
−10匹
（手持ちポイントから引き算してね）

危険メモ

モンハナシャコはきれいでユニークなのでついつい触りたくなりますが…危険！絶対に手を出してはいけません。彼らは前足を筋肉で引っ張って力をためて、弓を放つような構造で強烈なパンチをくり出します。その速さはプロボクサーをはるかに超えると言われ、硬い貝殻を破壊するほどの力を持っています。人間がパンチを喰らったら爪が割れてしまうことでしょう。威力が強すぎて衝撃波が出るとか、それによって光が発生するとか、衝撃を吸収するためにナノ粒子でコーティングされているとか、冗談みたいな特殊能力が明らかになっています。

話しかけんな！　今ボクシングの練習中だよ。おまえらはフラフラ生きてるかもしんねーけどこっちは命がけなんだ。

理由？　もちろんボクシング界のテッペン目指すために決まってんだろーが。オレより速くて強いパンチくり出せるヤツなんて、この海にはいねぇよ。けどな、オレは別に試合のためだけに拳を磨いてんじゃねぇ。敵に襲われそうになったときにガツンと一発お見舞いしてやるわけよ。腹減ったときにも使うんだぜ。硬いカニや貝だって、オレがパンチすれば、殻なんてこっぱみじんよ。生きるためのトレーニングなんだよ。わかったらさっさと消えろ。

おし、目障りなヤツらもいなくなったところで、次はシャドーボクシングといくか。来週の大会では全員、秒でKOしてやる。オレは今燃えてんだ！　シュッ、シュッ、シュッ、おりゃー！

って、おい、消えろって言っただろーが！　群れになって近くで見てたら危ねぇだろ。何匹か殴っちまったじゃねぇか…。オレなんも悪くねぇからな！

次はどこ行く？

藻場　124ページへGO

岩場　136ページへGO

中層　146ページへGO

和名	モンハナシャコ
目・科	シャコ目ハナシャコ科
生息地	相模湾以南、小笠原諸島、インド・西太平洋
大きさ	体長 12cm

エリア
サンゴ礁

クレイジーポイズン・キハッソク
皮膚から毒を出してます。

ダメージ
−40匹
（手持ちポイントから引き算してね）

危険メモ

キハッソクをはじめ、近縁のヌノサラシ、アゴハタ、ルリハタの4種は英名でソープフィッシュと呼ばれ、粘液を出してせっけんのように海水を泡立てます。この粘液には毒が含まれており、大きな魚に飲み込まれたときなどに出す敵撃退用のほか、種類によっては細菌から身を守るためにも使われていると考えられています。毒性は強く、この生態を知らずにほかの魚と一緒に水槽に入れておくと全滅してしまうことも。その被害は甚大です。味は本当にマズいらしくかわいそうな扱いを受けていますが、見た目は美しく、特に真っ黄色の幼魚のかわいらしさは必見です。

どうせ僕なんか、みんなの嫌われ者だよ…。僕の名前、キハッソク…。カタカナで書けばちょっとカッコイイかな…。

でも、漢字だと木八束…。「煮えにくくて木を八束も使う」という意味なんだって…。それくらい煮たり焼いたりしてもマズくて食べられないってことだよね…。どうせなら、そんな回りくどい悪口じゃなくて、ハッキリ「マズイウオ」とか呼ばれたほうがマシだよ…。はぁ…。

でも僕、見た目にはちょっと自信があったんだ…。さわやかな黄色がきれいかなと思って…。だから水族館とか、観賞魚が好きな人には愛されるかなと思ってさ…。

でもさ、僕、皮膚から毒が出るんだ…。水槽に入れると、ルームメイトを殺しちゃうんだ…。身を守るための武器なのに、そのせいでみんなから嫌われちゃうんだ…。

僕なんて誰からも愛されないんだ…。はぁ…。みんな消えてなくなっちゃえばいいのに…。そうだ、毒をうんと出して、この世界を終わらせちゃおう…。

次はどこ行く？

岩場 138ページへGO

砂地 144ページへGO

中層 148ページへGO

和名	キハッソク
目・科	スズキ目ハタ科
生息地	相模湾〜鹿児島湾の太平洋沿岸、中国、インド・西太平洋
大きさ	体長20cm

エリア

岩場

静かなる狩人・オニダルマオコゼ
限りなく岩っぽいハンターです。

ダメージ

−10匹

（手持ちポイントから引き算してね）

危険メモ

デコボコした厚い皮膚に、上を向いた口、生気を感じない目、位置がわからないほどとけ込むヒレ。魚類界でトップクラスの違和感…ではなく、岩感です。背ビレのトゲには猛毒があり、人が刺されて死亡した例も報告されているほど危険な魚です。砂に潜っていることもあるので、はだしで踏んだりしたら大変。海に入るときは底がしっかりしたマリンシューズを履くようにしましょう。普段はほとんど動かず、近づかなければあぶなくない印象だったのですが、以前グアムの海で泳いでいたときに後ろから追いかけられたことがあり命の危険を感じました。

岩でござんす。どうぞ気にせず、近くで休んでいってくださんせ。ただの岩でござんすから。それは目ではござんせん。岩のくぼみでござんす。それは口ではござんせん。岩のさけ目でござんす。それはヒレではござんせん。岩の模様でござんす。

ほとんど岩でござんすから、油断して近くを通りますでしょう。そこで、このように、バフッ！…とまあ、このくらいの攻撃力でござんす。口は大きいですが、さほど泳ぎはしませんから、捕食能力はこの程度でござんす。非常に、岩でござんすからね。

ですが、背中のトゲの毒には自信があるのでござんすよ。ご覧の通り、ほぼ岩でござんすから、人間が知らずに踏んづけたりするんでござんす。さぞ痛いでしょうな。見事に岩でござんすから、その人間は、もう岩の上を歩けなくなるでしょうな。まあ、トゲで刺して獲物を獲るわけではござんせんから、カリブウオには関係のない話でござんすよ。大事なのは、限りなく岩だということでござんす。

次はどこ行く？

サンゴ礁 128ページへGO

岩場 134ページへGO

砂地 140ページへGO

和名	オニダルマオコゼ
目・科	スズキ目オニオコゼ科
生息地	伊豆～琉球列島の太平洋沿岸、台湾、インド・太平洋
大きさ	体長30cm

エリア
岩場

海のギャングの昼休み・ウツボ 夜に会ったら大変でした。

ダメージ
ー0匹
(ラッキー! ノーダメージ!)

危険メモ

捕食能力がとても高いウツボは、獲物に喰らいついている場面をメディアで見ることが多いですよね。さぞ気性の荒い魚だと誤解されがちですが、強面な印象とは裏腹に、普段は温厚でちょっと臆病だったりします。夜行性のため、ハンティングをするのは主に夜。昼間も岩の隙間から顔を出していることがありますが、それは大抵休んでいます。今回、カリブウオたちは昼間にウツボと出会って命拾いしたわけです。とはいえ、あのするどい歯で噛まれたら大変な大ケガをします。見かけてもつついたり、網ですくおうとしたりしないように。

フッ、キミたちもそんな顔をするんだね。このしなやかな首を岩陰からのぞかせて、太陽の光に照らされたボクの美しい顔を目の当たりにすると、みんなそうやって恐れ…いや、畏れの表情を浮かべるのさ。

たしかにボクは強いよ。するどい歯が並ぶ口で、大きなタコだって襲うんだ。噛みついて体をトルネードさせてバラバラにする技なんて見たらみんなに惚れられてしまって大変だよ。

でも、ボクはディナーしか食べないんだ。今は太陽があんなにかがやいているだろ。そんな時間は静かに岩陰で休みながら、己の内面と対話しているんだよ。こうして口を開けているのもキミたちを食べるためじゃなくて、きれいな歯を見せている…いや、魅せているだけさ。

もし夜にボクと出会っていたら、悪夢を見ていたかもしれないね。いや、悪夢じゃない。月のスポットライトを浴びたボクの、夢のように美し…ちょっと待って、まだ話は終わっていないよ。昼は食べないけれど、せめて話は聞いていって…。

次はどこ行く？

藻場 124ページへGO

岩場 136ページへGO

深海 150ページへGO

和名	ウツボ
目・科	ウナギ目ウツボ科
生息地	本州～九州の太平洋・日本海沿岸、朝鮮半島、台湾
大きさ	全長80cm

エリア
岩場

怪人ドクトパス・ヒョウモンダコ
タコだけどフグと同じ毒を持っています。

あー気に入らないわね！なんでみんなフグ毒ばかり怖がってるのよ。タコ毒なんて聞かないでしょ。アタシ、フグとおんなじ毒を持ってるのよ。テトロドトキシンよ、テ・ト・ロ・ド・ト・キ・シ・ン！

アンタたち、自分の置かれた状況わかってんの？体が小さいからって安心しないほうがいいわよ。アタシがガブッとやったら、一発でおだぶつよ？この青くかがやく

危険メモ

もともと南の温かい海に住んでいたヒョウモンダコですが、地球温暖化の影響もあってか、今では関東地方の海でも見られるようになりました。最近では筋肉や体表にも毒があるとわかり、食べても触ってもあぶないとされています。体の小ささを補うのに十分すぎる捕食・攻撃能力を持っている彼ら。獲物とする甲殻類にはテトロドトキシンは効かないといわれていますが、代わりに効果のあるハパロトキシンをはじめ、いくつもの物質を出すことができます。ちなみにマダコなども唾液に毒を持っている者が多く、歯もするどいため、噛まれないように注意！

模様、見えるでしょ？ わざわざ模様を出して、「毒あるよ！ ヤバイよ！」って丁寧に教えてあげてるのよ。もっと怖がったらどうなの？

その危機感のない顔、腹立たしいわ！ いいわ、見逃してあげようかと思ったけど、アタシの怖さを思い知らしてやるわ。それ、ガブッ！

ほ〜らご覧なさい。アタシの毒は人間も倒せるくらい強力なのよ。アンタたちみたいなひ弱な魚なんて、簡単に動けなくなるんだから。

え、意外と被害が少ないって？ ほ、ほんとはもっとたくさんやっつけられるんだからね！ 小さいから手が届かないだけなんだからねっ！

ダメージ

−10匹

（手持ちポイントから引き算してね）

次はどこ行く？

表層 120ページへGO

サンゴ礁 130ページへGO

深海 152ページへGO

和名	ヒョウモンダコ
目・科	タコ目マダコ科
生息地	インド・西太平洋の温暖な海域
大きさ	全長10〜15cm

エリア
岩場

毒針集団・ゴンズイ
触ったら手がグローブになります。

ゴン太「おーい、みんな、こっちこっち!」

ゴン次「なんでおまえが仕切ってるんだよー」

ゴン子「ね〜、さっきから同じ景色が続いてるんだけど、方向合ってるの?」

ゴン太郎「知らねーよ。別にどこかを目指してるわけじゃないだろ」

(ざわ…) ←群れが動く音

ゴン哉「みんな、大変だ! 向こうから知らない魚の群

危険メモ

背ビレと胸ビレの付け根に強力な毒トゲを持っているゴンズイ。刺されると手がグローブのように腫れてしまいます。ただし、握ったりしなければ、向こうからわざわざ刺しに来ることはありません。彼らは幼魚の頃、密度の高い群れを作って生活しています。「ゴンズイ玉」と呼ばれるその塊は、敵に襲われそうになるとイリュージョンのように形を変えて敵を避けます。ダイバーさんが群れの中心に手を近づけたらドーナッツ型に穴が開いたそうです。そのおかげで今回のカリブウオたちのダメージはゼロ。ただし、もし刺されたら危険なのでマネはしないように。

れが近づいてくるぞ！」
ゴン彦「危険な魚かもしれん。逃げよう！」
ゴン美「ちょっと待って、私たちの群れはそんなすばやくは動けないわよ〜」
ゴン香「あ、ぶつかる！」
ゴン太「よし、みんなで輪っかになって避けるんだ！」
（ざわ…ざわ…）←フォーメーションチェンジの音
ゴン哉「ふう〜あぶなかった…。みんな無事か？」
ゴン子「大変！ゴン香ちゃんが行方不明よ！」
ゴン太「なに!? どこかではぐれたんだ、みんなで探すぞ！」
ゴン次「なんでおまえが仕切ってるんだよー」

ダメージ

ー0匹

（ラッキー！ノーダメージ！）

次はどこ行く？

絶滅したら 156ページへGO
生き残っていたら 157ページへGO

和名	ゴンズイ
目・科	ナマズ目ゴンズイ科
生息地	房総半島〜九州の太平洋沿岸
大きさ	全長20cm

エリア

砂地

海底の忍び者・ヒラメ

砂地のハンターと呼ばれています。

いや〜食った食った。満腹だなこりゃ。カリブウオはいつもボンヤリしているから食べやすくていいわ〜。

ははぁ〜ん、ぼくが海底にへばりついてるから近づかなければ安心と思ったんだろぉ。と〜ころがどっこい！ ぼくちゃん、泳げるのであった。空飛ぶじゅうたん、みたいな？ けけけけっ！ 速かったでしょ〜、追いかけるの。まさか海面まで追っ

危険メモ

一見よく似たヒラメとカレイですが、じつは見た目も生態もかなりちがっています。簡単な見分け方としては「左ヒラメの右カレイ」。背中側を上にした状態で、顔が左側にくるならヒラメの仲間、右側ならカレイの仲間です※。食生活も異なり、カレイが小さめの口で小型の甲殻類などを食べるのに対して、ヒラメはガバッと開く口にするどい歯が並んでおり、そこそこ大きな魚にも襲いかかります。夜の漁港をのぞいていると、海面を泳ぐ小魚に向かって海底から急上昇して突っ込んで来る姿を見かけることがあり、アクティブな捕食におどろかされます。

※目の方向には一部例外もいます。

て来るとは思わなかったでしょ〜。逃げられないでしょ〜。狙われてるって気づいたときにはもうあとの祭り、アフターカーニバル、なんてね。かかかかかっ！
おやぁ？まさかとは思うけど、カレイとまちがえて近くを通ったとか…？ぶふ、ぜ〜んぜん別物ってこと、ママから教えてもらわなかったかなぁ？目の向きもちが〜う。食べるものもちが〜う。だから、口の大きさが全然ちが〜う。これからはせいぜい気をつけることだね。ま、君らがどんなに気をつけたところで、ま〜た楽勝で追いついて、簡単に食べちゃうんだけどさっ！ぷひひひっ！

ダメージ
−20匹
（手持ちポイントから引き算してね）

次はどこ行く？

岩場 136ページへGO
中層 146ページへGO
深海 150ページへGO

和名	ヒラメ
目・科	カレイ目ヒラメ科
生息地	北海道〜九州の太平洋・日本海沿岸、朝鮮半島、中国
大きさ	全長1m

エリア
砂地

呪いの顔・メガネウオ

いつもあなたを見上げています。

ダメージ
−20匹
（手持ちポイントから引き算してね）

危険メモ

砂に埋まり、上向きの口と目だけを出して頭上を見上げていることから、英名ではスターゲイザー（星を見つめる者）と呼ばれるメガネウオ。すてきなネーミングセンスですね！ 天体観測のじゃまをされたので怒って食べてしまった、などと言っていますが、じつは彼、釣りをしてわざと獲物をおびき寄せているんです。口から疑似餌のような皮弁を出して、それをゴカイのようにヒラヒラ動かして小魚を誘い、大きな口で飲み込みます。おでこに"釣り竿"を持つカエルアンコウ（88ページ）と並び、省エネでかしこいハンターですね。

私は偉大なる天文学者だ。もう長いこと、この場所で星を観察している。あまりに熱心に見つめすぎたので体は砂に埋まってしまい、砂地に顔だけ浮き出たような姿になってしまった。まるで古代遺跡の壁面に掘られた魔除けの顔のようで、今の姿もなかなか気に入っている。

最近は学問を軽んじている若造が増えて、私は怒っている。私がまばたきもせず真剣に空を見上げているというのに、それに気づかず真上を横切るバカがいるのだ。まったく、信じられん。失礼極まりない行為だ。

またきやがったな。こら！ 私の上を通るな！ 星が見えないじゃないか！ バクッ！

そうだ。横切る者はじゃまだから食べることにしている。私だって、こうしてずっと星を観察しているとおなかがすくのだ。だからといって食事に出かける時間などもったいない。じゃましに来る輩は、研究室に届くちょうどいい食料になっているというわけだ。さて、腹も満たされたところで、星の観測を続けるとしよう。

次はどこ行く？

岩場 138ページへGO
中層 148ページへGO
深海 154ページへGO

和名	メガネウオ
目・科	スズキ目ミシマオコゼ科
生息地	房総～九州の太平洋沿岸、琉球列島、オーストラリア
大きさ	体長30cm

エリア

砂地

恐怖の丸呑みマシーン・アカエイ

お掃除ロボットのように獲物を捕食します。

コンニチハ。私ハ、海ノオ掃除ロボデス。海底ノ砂地ヲ、スイーット移動シナガラ、下側ニアル口デ、落チテイル物ヲ吸イ込ミマス。

砂ニ潜ッテイルトキハ、充電中デス。モシクハ、獲物ガ通ルノヲ、ジット待チ伏セシテイルトキデス。

自動デ、障害物ヲ、避ケル機能ガアリマス。同ジ場所ヲ、ナンドモ掃除スルコトガナイヨウ、通ッタ場所ヲ、記

危険メモ

このあと、スタートボタンを押した人はきっと病院に運ばれたことでしょう。尾の付け根には立派な毒トゲがあり、この神経毒に刺されると激しく痛むだけでなく、場合によっては吐き気や呼吸困難などの症状が出ることも。砂地でのんびりしているイメージのアカエイですが、捕食時には自動走行のお掃除ロボットもビックリな動きを見せます。円盤のような大きな体で覆いかぶさると、獲物の小魚は逃げ道を失い、なにも抵抗できないままに次々と口へ吸いこまれていくのです。かつて、毒を持つゴンズイの幼魚がそのような目に遭っているのを目撃して衝撃でした。

憶スル機能ガアリマス。

命令ヲ、ドウゾ。…ワカリマシタ。カリブウオヲ捕食スル、デスネ。

トリカカル前ニ、方法ヲセツメイシマス。マズ、カリブウオノ群レヲ見ツケタラ、上カラ覆イカブサリマス。次ニ、砂地ニ体ヲ密着サセテ、海底トノ隙間ガデキナイヨウニシマス。ソシテ、体ヲスライドサセテ、カリブウオヲ、口マデ運ビマス。

コノ方法ニヨリ、取リコボシナク、カリブウオヲ、オ掃除デキマス。コチラノ方法デヨロシイデショウカ。ソレデハ、掃除ヲ開始シマス。シッポノ付ケ根ノ、スタートボタンヲ、押シテクダサイ。

ダメージ
−30匹
（手持ちポイントから引き算してね）

次はどこ行く？
絶滅したら 156ページへGO
生き残っていたら 157ページへGO

和名	アカエイ
目・科	トビエイ目アカエイ科
生息地	北海道〜九州の太平洋・日本海沿岸、台湾、中国
大きさ	体盤幅90cm

エリア
中層

瞬間マジシャン・マトウダイ
馬顔で君を吸い込みます。

えー。お集まりの紳士淑女のみなさま。これから披露いたしますのは、わたくしマトウダイのとっておきの手品でございます。

わたくしの前に浮かんでいるこちら、カリブウオ。今からこちらを一瞬にして、みなさまの目の前から消してごらんに入れましょう。

いいですか？わたくしは体をいっさい動かしません。さあ、それではみなさま、一

危険メモ

まるで疲れたおじさんのように口角の下がった顔をしたマトウダイ。泳ぐスピードはさほど速くはありませんが、口を前方に大きく伸ばすことで、口内の空間を広げ、その力によって小魚やエビなどを目にもとまらぬ速さで吸い込みます。この口を伸ばしたときの顔が馬のように見えることから、「馬頭鯛」と書いてマトウダイと名がつけられたといわれています。そのほか、体の側面にとても目立つ黒い模様があり、これが的に見えるため「的鯛」と呼ばれるようになったという説も。泳いで追いかけてくるよりも突然吸い込まれるほうが、タチが悪いかもしれませんね。

瞬のできごとなのでまばたきをせずにご覧ください。参ります。

（ドロロロロロロロロロ…ジャン！）

…いかがでしょう！ 見事、カリブウオは影も形もなく消え去りました。盛大な拍手、どうもありがとう。

それでは、またどこかでお目にかかれますよう…はい？ なんですって？ ふむふむ、消えたカリブウオを再び出してほしい？

それはちょっと…わたくしの手品のタネがバレてしまいますのでいたしかねますねえ。それどころか、わたくしの命があぶないかもしれませんので。どうぞご勘弁を。

ダメージ

−20匹

（手持ちポイントから引き算してね）

次はどこ行く？

サンゴ礁 130ページへGO

砂地 142ページへGO

深海 152ページへGO

和名	マトウダイ
目・科	マトウダイ目マトウダイ科
生息地	日本全域、中国、オーストラリア、南アフリカ、東大西洋
大きさ	体長28cm

エリア
中層

大口のヴィラン・メガマウスザメ

口を光らせておびき寄せます。

ダメージ
−30匹
（手持ちポイントから引き算してね）

危険メモ

1976年にハワイ沖で初めて見つかって以来、生きた姿の記録はあまり多くありません。そのため、未だ生態が謎に包まれている顔のインパクトが強いサメです。プランクトンが光に集まる習性を利用して口の中を反射させて集め、鰓耙と呼ばれるろ過器官で漉しとって食べていると考えられています。ただ、正真正銘プランクトン食のジンベエザメやウバザメ（110ページ）と違い、鰓耙があまり細かくないこと、そして小さいながらもするどい歯が生えていることから、本当にプランクトンしか食べないのかと疑問に思っている研究者もいるようです。

おじさんね、口が大きいサメだからメガマウスザメって呼ばれてるんだよ。和名なのにメガマウス。外国人みたい～とかよく言われる。というか、言われたくて口大きくした。

おじさんね、口だけじゃなくて体も大きいんだよ。それなのに、好物はちっちゃなプランクトン。ギャップ萌え～とかよく言われる。というか、言われたくてプランクトン食べてる。

おじさんね、口の中が白くなってて、光を反射してプランクトンを集めるんだよ。おじさんが獲物を追うんじゃなくて、獲物のほうから来る。光の戦士みたいでカッコイイ～とかよく言われる。というか、言われたくて口の中光らせてる。

おじさんね、最近有名になってきたんだよ。口が大きいのもプランクトン好きなのも光でおびき寄せるのもだんだん知られてきた。ギャップ萌え～とか、カッコイイ～とか、あんまり言われなくなってきた。ちょっとさびしいな。だから、逆ギャップ萌え～とか言われたくて、今日はカリブウオ食べてみた。

次はどこ行く？

絶滅したら 156ページへGO
生き残っていたら 157ページへGO

和名	メガマウスザメ
目・科	ネズミザメ目メガマウスザメ科
生息地	日本近海を含む太平洋、インド洋、大西洋の温帯～熱帯域
大きさ	全長6m

エリア
深海

アゴ抜けエイリアン・オオクチホシエソ

スコープで獲物を探し、キバで噛みつきます。

2人「みんな、元気かな〜？」
オ「オオクチお兄さんも！」
ホ「ホシエお姉さんも！」
2人「元気、元気〜！」
オ「今日も真っ暗な深海から楽しい歌を届けようね」
ホ「ところでみんな、お姉さんたちのこと見えないよね、真っ暗だもんね。でもお姉さんはみんなのこと、よ〜く見えてるよ」
オ「その秘密は、目の下にある発光器。ここから赤い光

危険メモ

顔のクセが強いものが多い深海魚の中でも異彩を放っているのがオオクチホシエソ。彼らは特殊な構造により、頭部全体を跳ね上げるようにして、口を前に突き出すことができます。そしてなんと、その下アゴにはほとんど枠しかなく、膜がないのです。小さな獲物はすり抜ける代わりに、水の抵抗を受けずにすばやく襲いかかれるように進化したのですね。また、深海には赤い光が届かないため、多くのいきものが赤を見る能力を持ちません。それを利用して、赤い発光器を赤外線スコープのように使うなど、巧妙な進化におどろくばかりです。

を出して、みんなの顔を照らすことができるんだ。みんなは赤い光は見えないから、お兄さんたちがじ～っと見ていることに気づかないよね」

ホ「ねぇねぇ、オオクチお兄さん。なんだかおなかが空かない？」

オ「うん。でも僕、すばやい魚を追う自信がないんだ」

ホ「大丈夫！私たち、アゴに膜がないんですもの。水の抵抗がないから、口を開けたままでもすばやく泳げるでしょ。きっと上手に捕まえられるわよ」

オ「そうだったね。よ～し、さっそく獲物を食べよう！」

ホ「一緒に歌ってね」

2人『みんなごはんだよ♪』

ダメージ

－20匹

（手持ちポイントから引き算してね）

次はどこ行く？

表層 120ページへGO

砂地 142ページへGO

深海 152ページへGO

和名	オオクチホシエソ
目・科	ワニトカゲギス目ホウキボシエソ科
生息地	岩手、沖縄、太平洋・インド洋・大西洋の熱帯～亜熱帯域
大きさ	体長22cm

エリア
深海

変幻自在のビッグマウス・フクロウナギ

しぼんだり膨らんだりします。

も〜し〜も〜し〜。ぼ〜く〜、い〜ま〜、だ〜れ〜か〜を〜の〜み〜こ〜ん〜だ〜か〜な〜？　く〜ち〜の〜な〜か〜に〜い〜る〜ひ〜と〜、だぁ〜れ〜？　も〜が〜が〜が〜が〜。

あ〜、カ〜リ〜ブ〜ウ〜オ〜かぁ〜。た〜く〜さ〜ん〜の〜み〜ず〜ご〜と〜、の〜み〜こ〜ん〜だ〜か〜ら〜、う〜ま〜く〜しゃ〜べ〜れ〜な〜い〜ん〜だ〜。

危険メモ

口が大きいにもほどがあります！　もはや口から体が生えているような姿のフクロウナギ。目はどこにあるかというと、上アゴの先端に点のようなものがあるだけです。真っ暗な深海で視覚に頼ることはあきらめ、とにかく飲み込む作戦をとったのですね。水を飲んで口を膨らませたときには紙風船のようになりますが、水を吐き出すと一気にしぼんで、ウナギのようなスマートな姿に変身します。尾の先端には発光器があり、獲物をおびき寄せることに使われている可能性も推測されています。見た目、機能ともにとても興味深い魚です。

も〜が〜が〜が〜。く〜ち〜の〜な〜か〜で〜、あ〜ば〜れ〜な〜い〜で〜。ど〜う〜し〜て〜も〜、え〜も〜の〜に〜に〜げ〜ら〜れ〜た〜く〜な〜く〜て〜、く〜ち〜を〜きょ〜だ〜い〜に〜し〜ん〜か〜さ〜せ〜た〜ん〜だ〜け〜ど〜、しょ〜う〜じ〜き〜、あ〜つ〜か〜い〜に〜く〜く〜て〜、す〜ご〜く〜、こ〜ま〜って〜る〜ん〜だぁ〜。

（ぷしゅ〜）

あ、口の中の水を抜いたら普通にしゃべれるようになった！もうすばやく泳げるし。今日はそこそこカリブウオを食べられたし、もう帰ろうかな。じゃあね！

ダメージ

ー30匹

（手持ちポイントから引き算してね）

次はどこ行く？

砂地 144ページへGO
中層 148ページへGO
深海 154ページへGO

和名	フクロウナギ
目・科	フウセンウナギ目フクロウナギ科
生息地	太平洋、大西洋、インド洋の水深3000m付近
大きさ	体長75cm

エリア
深海

省エネハンター・ナガヅエエソ

三脚で立って、チャンスを狙ってます。

あ、ちょうどいいところに来た！ 今、写真を撮らせてくれる魚を探しててさ。カリブウオくんたち、僕の正面に来てくれる？ ん〜もうちょっと左。もうちょっとかな。僕、三脚立てて撮るタイプのカメラマンだからさ、すぐにベストポジションに移動するのは得意じゃないんだ。悪いけど、君らのほうから枠に入って来てほしいな。ちょっと流れが強くなって

危険メモ

深海での捕食方法はじつに多様。大きな口でがんばって獲物を追いかけるものもいれば、このナガヅエエソのように完全な待ち伏せ型もいます。彼らは左右の腹ビレと尾ビレの下側が長く伸びており、この3本で海底に立ち、体を支えています。このことから、通称・三脚魚と呼ばれています。食事の方法も特徴的。流れのほうを向き、胸ビレをパラボラアンテナのように広げてプランクトンが流れてくるのを待ちます。そして流れてきた獲物をキャッチして食べるのです。なんとも省エネな生き方。食べもののない深海で余計なエネルギーを使わないための彼らなりの進化なのです。

きたな。おっとっと、あぶないあぶない、三脚が倒れるところだった。カリブウオくんたち、大丈夫？　流されてない？　あは、金髪が乱れたんだね。直さなくていいよ。その髪の感じ、好きだよ。

おっ、いい感じいい感じ！　はーい、そのまま流れに身を任せてこっちに近づいて来て。いいよいいよ、かわいいよ！　そのままそのまま。さあ、もっと近くへ。すてきな表情を近くで見せて。じゃあ撮るよ。はい、チーズ！

（パクッ）

うん、写真は撮れなかったけど、獲物は獲れた。協力ありがとね！　またいつでも流されておいでね。

ダメージ

−10匹

（手持ちポイントから引き算してね）

次はどこ行く？

絶滅したら 156ページへGO

生き残っていたら 157ページへGO

和名	ナガヅエエソ
目・科	ヒメ目チョウチンハダカ科
生息地	遠州灘〜土佐湾の太平洋沖、沖縄、南シナ海、インド洋
大きさ	体長26cm

ざんねんながら…

絶滅しました。

海の中ではみんなが
必死で知恵比べ。
そんな中で生き残るってむずかし〜！

TRY

生存の道は必ずある！

115ページに戻って
もう一度チャレンジ！

すごい!!

生存しています!

でも、このサバイバルは
ずっと続きます。
生きてるだけで
あなたは偉い!

おわりに

カリブウオとの冒険では、最後まで生き残ることができましたか？
絶滅してしまったという方、どうか落ち込まないでください。
みなさんが出会ったハンターたちの物語が、ここから始まるのですから。

さんざん死にざまを描いてきて今さら言うのもなんですが、
海のいきものたちは誰ひとり、死のうと思って生きている者はいません。
できるだけ死なないために、さまざまな工夫や進化を重ねてきたのです。
海でギリギリ生き残った結果が、今の彼らの姿です。

それでもなお訪れる死。
予定された死、予期せぬ死、全力を出した結果の死、誰かのための死……。
海の中での死にざまをみていると、その多様さにおどろかされます。
同時に、そのすべてに意味があることにも気づかされます。
なかにはなにかをまちがって命が尽きてしまった者もいますが、

それさえも、一生懸命生きた結果として起きた出来事なのです。
所変われば常識は変わる。
我々人間には想像もつかないような生の捉え方が、
彼らの世界にはあるのでしょう。
その物語をのぞいていると、
なんだかこちらが励まされているような気持ちになりませんか?
この本で紹介したエピソードの数々が、
明日を生きるみなさんの力になってくれることを願っております。

さいごになりますが、ご自身の体験からいきものの死にざまのエピソードを教えてくださった石垣幸二さんと鈴木康裕さん、ドラマチックなイラストを描いてくださったしのはらえこさん、ＯＣＣＡさんをはじめ、この本の誕生を支えてくださったすべての皆様に心から感謝申し上げます。

鈴木香里武

鈴木香里武 すずき かりぶ

学習院大学大学院心理学専攻博士前期課程修了。(株)カリブ・コラボレーション代表取締役社長。荒俣宏氏が主宰する「海あそび塾」塾長。岸壁幼魚採集家。MENSA会員。幼少期より魚に親しみ、さかなクンをはじめとする専門家との交流・体験を通して魚の知識を蓄える。観賞魚の癒し効果を研究する心理学研究者「フィッシュヒーラー」として、トレードマークであるセーラー(水兵)服姿でタレント活動をする傍ら、水族館の館内音楽企画など、魚の見せ方に関するプロデュースも行う。名前は本名で、名付け親は明石家さんま氏。主な著書に『海でギリギリ生き残ったらこうなりました。進化のふしぎがいっぱい!海のいきもの図鑑』(小社)、『わたしたち、海でヘンタイするんです。海のいきもののびっくり生態図鑑』(世界文化社)、『岸壁採集!漁港で出会える幼魚たち』(ジャムハウス)がある。

Twitter:@KaribuSuzuki

海(うみ)でギリギリあきらめない生(い)きざま。
知恵(ちえ)と工夫(くふう)で生(い)き残(のこ)れ! 海(うみ)のいきもの図鑑(ずかん)

2020年12月9日　初版発行

著　者　鈴木(すずき)　香里武(かりぶ)

発行者　青柳　昌行

発　行　株式会社KADOKAWA
〒102-8177　東京都千代田区富士見2-13-3
電話　0570-002-301(ナビダイヤル)

印刷所　図書印刷株式会社

●お問い合わせ
https://www.kadokawa.co.jp/(「お問い合わせ」へお進みください)
※内容によっては、お答えできない場合があります。
※サポートは日本国内のみとさせていただきます。
※Japanese text only

定価はカバーに表示してあります。

ISBN 978-4-04-604978-0 C8045